中村桂子コレクション
いのち愛づる生命誌

Ⅳ 生命誌と子どもたち

はぐくむ

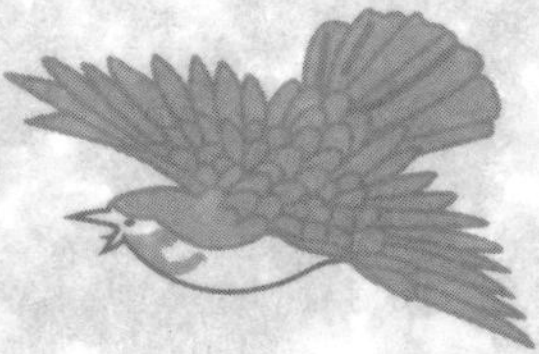

藤原書店

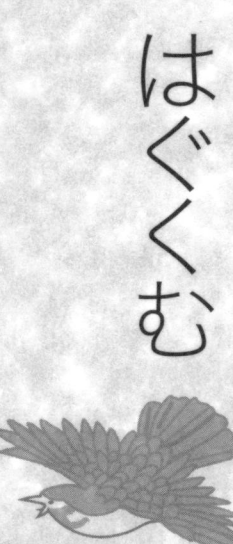

1967年、長女が1歳の頃

お正月に家族が集まって。左から義父、著者、義妹、義弟、夫・中村正和、父・西山喜則、母・西山富子、義母

1969年、長男が生まれた頃。左は長女

1973年頃、大阪大学観音寺微生物病研究所ファージコース。左から2人目が著者

はじめに

「生命誌研究館」では、毎日小さな生きものたち、具体的にはチョウ、クモ、ハチ、イモリなどを研究し、「生きているってどういうことだろう」と考えています。研究しているというとむずかしそうですが、生きものたちに教えてもらっているのです。

ところで、研究はたいてい研究所という閉じたところで専門家が行ない、論文を書いたらできあがりとされます。でも「生命誌」は生きものたちに教えてもらったことをできるだけ多くの人に伝えたいと考えています。そこで「研究館」(科学のコンサートホール)をつくり、そこで展示や催物をしています。

このように科学の成果を一般の方にも見ていただくとき、多くの方は普及しなければならないとか、啓蒙が必要だ、教育が大事だとおっしゃいます。「普及・啓蒙・教育」。どれも立派な言葉です。そして社会も研究者に対してそれを行なうように強く求めるようになりました。でも私は「生命誌研究館」を創るときに、「普及・啓蒙・教育」は禁句と決めました。

私は、「生きものっておもしろい」と思っており、生きもののことを知りたいと考えて「生命誌」について毎日考えています。研究でわかってきたことは、すばらしいと思い、みんなに知らせたくなります。これは音楽家や小説家や画家と同じだと思っています。芸術家は、自分がすばらしいと思ったこと、美しいと感じたことを音や言葉や絵で表現し、みんなと共有することを楽しむのです。これを普及・啓蒙・教育とは言いません。できるだけ良質の表現をして、それが多くの人の楽しみにつながればうれしいという気持ちです。

なぜ、科学の研究は、そこで普及・啓蒙・教育というのだろう。この言葉は今の科学のありようの歪みを映しているのではないか。そう思えるのです。「生命誌」はそんな歪みのない「ほんもの」として育っていくものでありたいと願います。

そこで、「私たち自身が生きものなのですから、生きものを知ることは自分を知ることでもあり、どなたも関心のあることですよね。生きもののことをもっとよく知ることを楽しみ、ご一緒に考えませんか」と呼びかけてきました。

ところで、このような私に、ある日教育学の大田堯先生がお声をかけてくださいました。実は、教育は苦手と思いながらも大田先生のご著書は拝読していました。『生きることは学ぶこと』。

そのとおりです。教育は「ことなる・かかわる・かわる」から考えなければいけないともおっしゃっています。この三つは、生命誌が見ている生きものの特徴そのものです。

そして決定版は「ひとなる」です。私が教育という言葉に抵抗していたのは、「人づくり」とか「人材」とか人間をもののように見ているとしか思えない言葉が使われているからでした。上から目線で社会に役立つ人づくりなどと言われてイヤーな気がしていたのです。

そこに「ひとなる」です。「生命誌」ではいつも「動詞で考える」ことにしているのですが、たくさんの動詞の中でも「なる」は鍵になる言葉として大切にしてきました。漢字にすると「生る、成る、為る」などがありますが、とくに私が好きなのが「実が生る」と言うときの「生る」です。小さくて青いリンゴが、お日様の光のもと、土からたくさんの養分を吸いあげて大きくなり、真紅の美しくおいしい実になっていく様子を思い浮かべてください。子どもたちもこのようにして大きくなっていきます。まさに「ひとなる」です。それをお手伝いするのが教育の役割であると言われたら納得です。以来、その意味での「教育」は生命誌の辞書の中に入りました。

大田先生とのお話し合いでは、子どもたちをいのちあるものとして見ることの大切さを再確認しました。

『はぐくむ』はそんな気持ちでの一冊です。もっともこれまでに書いたものの中から編集者が選んでくださったので、教育についての意識が充分とは言えないまま書いているところもありますが、子どもたちへの気持ちは変わりません。

最初の「科学技術時代の子どもたち」は河合隼雄先生からお話をいただき、教育に苦手意識をもったまま、悩みながら書いたことを思い出します。悩みがそのまま表われている文が綴られていますが、考えをまとめるために取りあげた『やかまし村の子どもたち』は大好きなので、その子どもたちに助けられました。その中で、小学校に入学したラッセが、教室でじっと座っていられない様子を見た先生が、「あなたはまだ学校適齢期じゃないわね」「学校へ来る前に、もう少し遊んでおく必要があるのよ。来年になったらまたいらっしゃい」と言うところが好きです。もちろん、その後ラッセは元気に学校に通う子どもになります。「生る」のを待つということでしょう。子どもを生きものとして見ている「教育」です。

「やかまし村」はスウェーデンの物語ですが、私も同じような子ども時代を過ごしました。先生も「生る」のを見てくださっていたように思います。この五〇年ほどで社会は急速に人工化し、近年それは加速されています。土や水や緑から離れ、スマホの画面と向き合う毎日を過ごす子どもは、生きものとして「生る」ことができるのかしらと気になります。

「今の子どもたちは」という言葉がありますが、生きものとして生まれてくる子どもは、この百年やそこらで変わるはずがありません。問題ありとするなら今のおとな、つまり私たちの考え方こそ見直さなければなりません。私たちはどんな社会をつくりたいのか、人類の未来をどのように思い描くのか。子どもの問題はそれを考えることでしか解決しません。

そのような思いを書いたいくつかのエッセイから、みなさまの求める未来をお考えくださり、そこでの子どもたちの姿を思い描いていただければありがたく思います。

ご登場いただいた加古里子さんは、子どもについて考えるとき、いつも先を歩いてくださっている方です。子どもが大好きで、子どもたちも加古さんが大好きという本当にうらやましい方です。加古さんがいちばん大切にしていらっしゃるのが「遊び」です。「生きるということを放擲するなら、要するに死にたいなら、遊ばなくていい。子どもの遊びはやめにさせていただいて結構」という言葉の中にどれだけたくさんの思いがこめられていることでしょう。ここまで言いきれるのは、徹底的に子どもと遊びについて調べ、考えられたからです。これを子どもたちのいる、あらゆる場所に掲げておきたいと思います。〝塾の時間よ〟とやってきたお母さんに〝これが目に入らないか〟と見せるために。

『科学技術時代の子どもたち』を書くようにとすすめてくださった河合隼雄先生も、いつもいつも子どもたちのことを考えていらっしゃいました。ご専門の立場から、心についてやさしくお話しくださいました。心はとてもむずかしい対象でありながら、でもとても日常的な、だれもが考える課題でもあります。それをじっくりお話しできたよい時間だったことを思い出しています。

育む。いつまでたってもきちんとしたおとなになれていないのは私自身かもしれず、「育む」でなく「育まれる」ところにいるような気もします。でも、たくさんの方たちに助けていただき、「生きる」ことをめぐって考え続けることができているのは本当に幸せです。

すべての子どもたちが思いきり遊び、豊かな心をもつおとなになっていくことを願っています。

中村桂子

二〇一九年七月

中村桂子コレクション　いのち愛《め》づる生命誌　4

はぐくむ　生命誌と子どもたち

もくじ

Ⅱ　子どもが育つということ

中村桂子コレクション　いのち愛《め》づる生命誌　4

はぐくむ　生命誌と子どもたち

凡例

一　本コレクションは、中村桂子の全著作から精選し、テーマごとにまとめたものである。収録にあたり、著者自身が註の追加を含め、大幅に加筆修正を行なっている。

一　註は、該当する語の右横に＊で示し、稿末においた。

編集協力＝柏原怜子
甲野郁代
柏原瑞可
装　丁＝作間順子

Ⅰ　科学技術時代の子どもたち

1　いま子どもをどういう視点から見るか

おとなとの関係の中で子どもを見る

「子ども」のとらえにくさ

「子ども」というテーマには、圧迫感があります。「子どもは未来からの贈りものであり、次の時代を託する大切な存在だ」「子宝という言葉があるのでわかるように、子どもは何にも増して価値あるものだ」という前提があり、それを考えない人などあるはずがないと言われているような気がするからです。しかも「子どもだった体験もあるのだから子どものことはわかるはずだ」と答えを求められている気もします。

もちろん、具体的な子どもについてなら、自分の子ども時代を楽しく、ときに悲しく思い出すことはありますし、二人の子どもにはずいぶん遊ばせてもらいました。最近では、私の仕事場を訪れてくれる子どもたちとの時間を大いに楽しんでいます（後で少し詳しく話しますが、生命誌研究館という、生物の科学研究をそのまま専門外の人に提示するという仕事をしているので、科学に関心をもつ子どもたちとの接触が多いのです）。それに、あまりむずかしいことを言わなくても、子どもは文句なくかわいくて、関心をもたずにはいられないところがあります。電車の中でお母さんに背負われた赤ちゃんと目が合うと、つい話しかけてしまいます。その気持ちは、おそらく「生きもの」として本能的にもっているものなのでしょう。

しかし、このような実際に接する個別の子どもたちへの関心を、「マスとしての子ども、さらには抽象的な子ども問題」につなげるのは不得手、もう少し強く言えば、抵抗感があります。マスの問題にしたとたん、一人ひとりの子どもがもっている魅力が消えてしまうからです。河合隼雄さんと谷川俊太郎さんが企画したシリーズ「今ここに生きる子ども」では、子どもを考えることによって私たち一人ひとりの生き方を見るということですので、ステレオタイプの子ども像を描くのではなく、子どもというテーマを通して私自身の悩みをそのまま吐露することを許していただこうと思い、筆をとりました。

「科学技術時代」のおとなたち

もう一つのテーマ、「科学技術時代」にもむずかしさがあります。確かに、二〇世紀、とくに私自身が生きてきたその後半は科学技術時代とよばれます。しかし、私たち一人ひとりが科学技術そのものに関わりあっているわけではありません。その成果を享受して便利で快適な生活を送れることを楽しんでいるというだけです。しかも、科学技術はますますブラックボックス化しています。

先日も工学部の先生が、自動車のボンネットを開いても、何もできないと嘆いていました。実は科学技術時代というのは、「みんなが科学技術に接する時代」なのではなく、どこかわからないところで作られた道具や機械が日常の中に入りこんで、便利・快適という欲望を満足させてくれている時代なのです。問題は、科学技術がもっている、この「魔法のポケット」のような性格とどう付きあっていくかということです。便利・快適の追求のために失うものもあることを忘れてはなりません。最近は、科学技術の見直しの必要性について、次のような共通感覚が生まれているように思います。

「科学技術の活用を否定するものではない。しかしそこには、特有の論理・価値観があり、それは私たち人間の本質とは異質のものらしい。それを見直さないまま科学技術が進むことは、人間にとって決して幸せなことではない。それなのに、科学技術はその勢いを衰えさせる気配もなく、いやそれどころかますます勢いをつけて進んでいる。これでよいのだろうか」。

このような状態で、未来を生きる子どもたちはどうなるのだろうという危惧が起きるのは当然です。しかし一方で私たちは、子どもという生きものは、それほどやわなものではない。どんな状況でも子どもは子どもとしてたくましく生きていくさ、という期待ももっています。子どもの中に明るい未来を探したい。このような二面が、このシリーズ「今ここに生きる子ども」（岩波書店）の他の本で具体的に語られています。家庭や小学校から予備校までのさまざまな学校で、コンピューターと付きあったり、マンガを読んだりしている子どもたちの実態とその評価がなるほどという形で伝えられています。これらを読んでいくうちに、生きものとしての人間について考えてきた私には、「そこにいる子ども」の向こうに、ある人間像が見えてきました。

それは、生きものとして本来備えているはずの「自信」をもって子どもに向かいあうことができずにいるおとなたちの姿です。科学技術という、自分たちが作りあげたものにふり回され、その中で子どもたちをどう扱ったらよいかわからずにいるおとなの姿です。「今ここにいる子ども」は、今ここにいるおとなを問う存在なのでしょう。

これは私に、小学生のときに体験した第二次大戦の敗戦を思い出させます。一九四五年八月一五日という日を境に、先生のおっしゃることがガラリと変わり、子どもたちはとまどいました。とくに印象的だったのは、教科書に墨を塗るという作業でした。教科書を開いて先生の指示どおりに墨で文章を消していく。ときには開いた二ページ分を全部消すこともありました。ついこの間まで、最も大切なものと教えられていたというのにです。空襲があったらすべてをさしおいて教科書を持って逃げるようにと言われ、防空頭巾と教科書の入ったカバンを枕元に置いて寝ました。国語の教科書にイタズラ書きをした男の子が、どれほどひどく先生に叱られたことか。そんな教科書を大っぴらに汚してよいというのですから、わけがわからなくなって当然です。

でも一面それは、痛快な作業でもありました。まだ、敗戦の意味が充分にわかっていなかった九歳の子どもは、墨塗りを楽しんでいたというほうが正しいでしょう。しかし、先生方はそうはいきません。きっと悩み、迷っていらしたに違いありません。何が正しいのか……。結局あのときは、占領軍の司令部であるＧＨＱからの命令が正しいとされました。ですから、軍国主義から民主主義へと価値観がガラリと変わったわりには、学校の中での混乱は思ったほどひどくありませんでした（少なくとも子どもの目にはそう見えました）。

少しとっぴなたとえだったかもしれませんし、そのとき正しいとされたことが絶対に正しかったかどうか、今になって考えることはたくさんありますが、科学技術について考えるにあたって重要なのは、それを用いている社会の価値観であり、それについておとながどれだけの信念をもてるかということが問題だと言いたかったのです。科学技術については、何かが〇月〇日から突然変わるというものでもなければ、これまで良しとしたものがまったく評価されなくなるというものでもありません。評価は複雑です。ただ二〇世紀前半にあった、科学技術は生活を豊かにしてくれるありがたいものという信仰はゆらいでいます。

実は、最先端科学技術の開発は、つねに戦争と結びついていたのですが、戦地は特別の場所であり、日常生活にとっては科学技術は善だったのです。それに対して決定的疑問を投げかけたのは、原子爆弾です。戦時とはいえ、ふつうの暮しをしている人々のところに落とされた恐ろしい爆弾が、一流の科学者たちの力でつくられたものだったという事実は、大きな衝撃でした。とはいえ、ここで科学技術を悪者にしてすべて否定したのでは生活が成りたちません。一方に大きな疑問を抱えながらも、経済復興のために科学技術振興が唱えられました。こうして、洗濯機、冷蔵庫、自動車、テレビ……、次々と新しい科学技術の成果が日常の中に入ってきたわけです。生活のためならよかろう。しかし、これらの技術開発を支えた論理・価値観が、本質的に自然破壊という側面をもっていることはすぐにわかってきました。しかし、爆弾のようにマイナスがはっきりと見えないだけに、どう扱ってよいかがむずかしいという状態です。

内なる自然の危機

私が、科学技術による自然破壊というときに意識しているのは、日常目にする山・川・草・木だけではありません。私たち人間も自然の一員なのですから、私たちの中にも自然がありま す。また私たちと他の自然、つまり山や川や他の生きものたちとの間に作りあげてきた生活も広い意味での自然と言ってよいと思います。人間が「長い時間をかけて作りあげてきた暮らし方」を変えるということは、私たちの内なる自然に危機感を与えます。

また個人の体験を語ることをお許しください。かつて東京の都心に住んでいた私の足は路面電車でした。通学もそれ、銀座や新宿などの繁華街へ買いものに出るのもそれ……、道路の真ん中を堂々と走るのがこの電車でした。その両側は自転車が走っていたのですが、一九五〇年代後半から少しずつ自動車が走るようになりました。その数がだんだん増えて道は混みはじめ、渋滞のようなものも見えはじめました。こうなったら、道路の中央にある空いた部分に自動車が入りたくなるのは当然です。法律が変わり、電車の軌道内を自動車が走る姿を見て電車の中で思いました。「いつか電車が追い出される。これはまずい」と。事実そうなりました。自動車にとって、「ゆっくり走る電車が邪魔物」になったのです。もちろん邪魔だと思ったのは自動車を運転している人です。

技術として電車は新しいので、もう少し長期にわたって私たちが育ててきた例を見るなら、水田です。水田はもちろん人工のものですけれど、今ではその姿は日本人の心の故郷になっており、最も心和むのは、田植のすんだ青田や、黄金色に実った稲穂が並ぶ秋の田んぼを見るときだと言う人が大勢います。この景色は、今も日本中いたるところに見られます。しかし、水田を支えている農業も農家も農村も大きく変化しました。そこには、科学技術の影響があるのはもちろんです。自然破壊というと、天から与えられたものを壊すことだけを指すように聞こえますが、実はこのように、長い時間をかけて作りあげ、なじんできたものが急速に変化することのほうが、人間の気持ちへの影響は大きいように思います。それがおとなの気持ちを不安定にし、その不安定さが子どもにも大きな影響を与えているのです。

おとなを不安定にしている原因は、自然の一部である私たちの内部にある自然が危機にさらされているところにあるのではないでしょうか。内に自然がしっかりと存在しており、時間をかけて作りあげてきた暮らし方がそのまま続いていれば、その価値観で判断ができます。しかし、現代のおとなはそれを失いつつある。そうかといって科学技術の側の価値をすべて良しともできないでいる。このような状態では子どもにどう対処してよいかもわかりません。もちろんこのままでは、子どもたちの内なる自然も壊されることはわかりきっています。

生きものとしての人間を見ている私としては、科学技術時代の子どもたちだけを見ても、これからの方向が見えないのはこのためです。科学技術をどう扱ったらよいのかわからないでいるおとなが問題なのです。だから「おとなと子どもの関係」を見ていかなければ子どもは見えてきません。これが、私の視点であり、この本でもそれを示していくつもりです。

科学技術時代を支える価値観

もう一つ、私の視点を明確にしておきたいと思います。それは、個々の科学技術が子どもにどのような影響を与えるかということよりも、科学技術を支えている価値観が問題だということです。

冷凍食品を電子レンジでチンとやってできあがった朝食を、テレビを眺めながら食べて学校へ行く。遊びはコンピューターゲーム。日曜日には、自動車でテーマパークへ出かける。携帯電話やスマートフォンで友だちと交信しあい、話は面と向かってよりも電話のほうがしやすい。こんなふうに子どもたちの日常を描いてみても、やはりそこにいるのはあどけなかったり、ときには小憎らしかったりする子どもの姿なのです。

もちろん、陰湿ないじめ、援助交際などという問題が次々と現れますが、それが科学技術とどう関係するかを探ってみても、何を考えるべきかは見えてきません。すべてのことを、外との関係で判断するのではなく、自分の心に問うたとき納得できるかどうかで判断することが大事なのです。援助交際でだれにも迷惑をかけていないのになぜ悪いのか。そう問いかける子どもに答えの出せないおとなは、私から見ると内なる自然を失って不安定になっている人です。河合隼雄さんが、「それは自分の魂にとって悪い」と答えていらしたのはみごとでした。河合さんのいう魂は、私がこれまで述べてきた内なる自然と重なっています。まさに価値をどこに置くかということです。

科学技術を積極的に取りいれようとする価値観は、前節に述べたように「自然」を追いだします。念のためくり返しますが、ここでの「自然」は、野生動物が走りまわる山野だけでなく、人間が長い間馴れ親しんできた風景、道具、暮らし方など、さらには私たち自身の中にある「生きもの性」をも含みます。これらを追いだした具体的なものは科学技術が作りだした機械ですが、その機械の一つひとつを壊しても、ことは解決しません。鉄道が生まれれば、馬車はどうなる。新しい機械は生活をめちゃくちゃにすると言ってそれを敵視することは何度もくり返されてきました。同じことをまたくり返しても答えは出てきません。問題は、個々の機械ではなくそれを作り、使う人間のもつ価値観なのです。

科学技術時代を支える価値観は、大きく「効率至上主義」、「何にでも正解があるという信仰」、「すべてを量で測る考え方」の三つです。

❶効率至上主義

とにかく「早く便利に」が最大の目的です。自動車が電車の軌道に入ったことは、ただそれだけでなく、路面電車のスピードで動いていた街のシステムを自動車のスピードに変えました。路面電車で通学していたときは、沿線のお店のおばさんの表情が見えましたし、桜の時季は、毎日ゆっくりお花見を楽しみました。今や自動車のスピードは新幹線やジェット機のスピードへと変化しています。そのなかで、みんなで忙しい、忙しいと動きまわっているのです。

❷何にでも正解があるという信仰

自然にはふしぎに思うことがたくさんあり、わからないことが次々と出てきます。人間はだれでもふしぎに思う気持ちをもっているのです。そのふしぎについて考え、そこから豊かなイメージをふくらませていくのが、人間の活動の基本です。それが、詩になり、絵になり、科学になる。

「ふしぎ」を感じる名人は、もちろん子どもです。ですから、私たちは子どもの詩を読んだり絵を見ると、天才だと思ってしまうわけです。「なぜ？」「なぜ？」と問われると、うるさいと思いながらもうれしくなるのです。ところで、このごろこのような問いに対するおとなの態度が、変わってきているのではないでしょうか。「なぜ？」という問いがあると、それに対してただ一つの正解を与えなければいけないのではないかと思ってしまう。そしてその正解を「科学」という普遍的な知に求めます。

本当は、子どもは、自分のことをよく理解してくれている人が、そのときの自分に合わせた答えを出してくれることを求めているのに。

そのような例として私の印象に残っているのは、女優の中村メイコさんの話です。メイコさんが小さいころ、お父様に「夕焼けはどうして赤いの？」と聞いたら、「あれは空が恥ずかしがっているんですな」とお答えになったのだそうです。日光には赤い光から青い光までさまざまな波長の光があり……、という物理学の教科書にある説明が正確な答えかもしれません。でも、メイコさんのお父様は、幼い娘には、空が恥ずかしがるという感覚をもたせるほうが、今後の成長にどれだけ大きな意味をもつかをご存知だったのでしょう（もっとも、科学的説明が苦手だったこともおありかもしれませんが）。それはみごとに成功したわけです。なぜなら、メイコさんは、おとなになるまでその答えを大切にし、それが決して正しい答えでないことがわかっても、あんな答えをするなんて悪い親だとは思っていないからです。いやむしろ、みごとな答えをしてくれたすてきなお父様と思っておられるに違いありません。

あるとき、「子どものなぜに答える本」を作ってほしいという依頼を受けて、私はずいぶん悩みました。答えられるだけの知識がないという理由もありましたが、全然会ったこともない子どもが、どんな状況の下で出したかわからない問いに答えを出すのは恐かったからです。そしてメイコさんの話を思い出していました。悩みながらも結局本を作ることになり、親御さんたちはこういう本を望んでいると知ることになりました。

人間が作った機械の場合、構造もはたらきもすべてわかっています。そこで何にでも答えがあってあたりまえと思うようになりました。実はそうではないのに、すべてに答えを期待し、しかも答えがないのはおかしいと決めつけるようになってきたのです。そして科学は答えを出すチャンピオン。科学者の書いた「答える本」の中にこそ正解があるとされるのでしょう。おかしな科学信仰、科学技術信仰です。

実はこれは、次の二つの点で、科学を間違って受けとめていることになります。

一つは、科学は答えを出すためのものではなく、つねに問い続けるものだということを忘れている点です。なぜ科学の道を選んだのかと聞かれたら、私はためらうことなく、「なぜ？」と考えることが好きだから、そして、今、自分が知っているところから、もう一つ次のステップへ進む路を探しあてることがおもしろいからと、答えます。ここで求めているのは、少しずつ自分の世界が広がっていく楽しさであって、外から答えが与えられることではありません。科学のもつ意味は、自分の世界を広げていくとても着実な道筋だというところにあると私は思っています。多くの人に科学に興味をもってもらいたい。おせっかいにもそう思うのは、たくさんの答えを知ってほしい、知識を増やしてほしいと思うからではなく、世界の広げ方を共有したいと願うからなのです。

もう一点は、科学が唯一の正解を出すものだ、すべては矛盾なく説明されるはずだという期待です。

科学技術の時代と言われながら、子どもの科学離れが今、大きな問題になっています。もっとも、社会で騒がれている科学離れは、社会の要員としての科学技術者不足を嘆いているだけのことであり、科学の本質とは無関係の面もあります。でも、いずれにしても、科学技術の時代と言われながら、若い人たちがオカルト、占い、新興宗教などに、異常なほどの関心を示していることは確かです。これは、科学は整った答えを与えて安心させてくれるもののはずなのに科学技術の未来は怪しく、不安だという気持ちの現れでしょう。

科学技術時代の中では、自ら答えを求めるのではなく、答えを外から与えられるのがあたりまえであるかのようになる。そして、すぐに答えや救いを与えようとする占いやエセ宗教などと似通ったものとして科学が社会に存在しているのではないかと気になります。人間の心の中には、魔術的な部分がある。それを整理して消していくのが合理的な思考の獲得であり、おとなになっていく過程である。これが、現代社会の認識であり、それを助ける大きな役割をするのが、科学であることは確かです。

しかし、科学は問い続けることであり簡単に答えを出すものではないという、科学の本質を忘れた科学技術社会は、子どもの中にある非合理性をすべて消すことがおとなになることであるかのように考えさせてきました。発達心理学などもそう教えていますが、日常感覚では、だれもがちょっと違うと思っているのではないでしょうか。おとなの中に残る子ども性、ある種の非合理性、魔術性をすべて追いはらってしまっては、おとなとしても不安定になることは直感的にわかっています。それなのに科学技術社会は、正しい答えがあることにさせるのです。実はそれが、おとなと子どもの間の関係を危うくしているのではないかと思います。

科学技術社会になる前は、子どもを脱却しておとなになっても、そこには必ず子どもにつながるものが残っていました。お祭りなどはその一例でしょう。

また私事になりますが、わが家のひな祭りは、明らかにその役割をしています。毎年娘と一緒にひな飾りをするときは、一年間暗い所に入っていたおひな様たちが、とても喜んでいると思いながら、おひな様と娘と私との間で会話がはずみます。飾り終わると、大急ぎでひなあられやひし餅を供えます。お腹がペコペコに違いないからです。実は、私のおひな様は、一九四五年五月の東京大空襲で焼けてしまいました。その年の三月、どうしても疎開しなければならなくなった母は、飾ってあったおひな様を狭い箱に閉じこめてしまうのがかわいそうでそのまま家を離れたそうです（私は集団疎開をしていたので、その場に居合わせませんでした）。そんなおひな様への思いもあって、単なる物体とは思えないのです。子どもと一緒に楽しむおひな様との語らいが、次の世代につながることを願っています。

私は、真の科学的理解は、つねに問いを抱きながら世界を広げていくことであって、非合理性のある子どもともつながっていると思っています。科学をこのようなものととらえようとする人は、まだ少数派かもしれませんが。

非合理性のある子どもとのつながりをもつということは、科学そのものが非合理だということではありません。たとえば、夕焼けを見たときに、太陽光線の中に赤色光が含まれており、それは波長が長いので……という知識を頭に浮かべながら、ときに応じて空が恥ずかしがっていると思っても、空の妖精が夕方になると赤い絵の具を持ちだすのだと思ってもかまわないということです。前者は正しくて、後者はバカバカしいと決めつける必要はありません。科学を進めながらも、空の妖精を認めることはできます。それなのに、科学の答えが唯一であるかのようになってしまったために、おとなと子どもの世界を異質なものにしてしまい、おとなと子どもの関係がうまく育めない状態が生まれているのではないでしょうか。いやそれだけでなく、私たちの暮らす世界を狭いものにしているのではないかと危惧します。

❸すべてを量で測る考え方

算数が好き、国語が得意、運動ならまかせてほしい。子どもたちのそれぞれの能力や好みは違っており、一人ひとりが自分の能力を生かして生きていくのが幸せに違いないのに、現行の試験制度は、偏差値という一つの数字で人間を一列に並べます。数字の威力は、科学技術時代の大きな特徴です。

こんなになんでも数字で競うようになった原点ともいえるものとして、赤ちゃんコンクールがあったことを思い出しました。アメリカでは、一九一四年に「第一回全米民族向上会議」を開き、知能テストと身体測定の結果から、「優秀な赤ちゃん」と「完璧な児童」を選んだのだそうです。赤ちゃんの頭のてっぺんからつま先まで計測、診断してカードに記録し、基準値一〇〇と比較して優秀者を選んだとのことです（この背後には優生学があります）。計測がいかに正確・公平に行なわれるか。それには充分な配慮がされながら、測れないものがあるという意識は欠けています。

この話を聞くとバカバカしいと思いますが、赤ちゃんコンクールとまでいかなくても、標準値が与えられると、自分の子どもがそれより小さいときには悩みます。今もこれと同じようなことはたくさん行なわれています。

2　生きものの科学から子どもを見る

子どもと子ネコは違う

前章で、子どもと科学について考えるには、科学技術時代のもつ価値観の中での、おとなと子どもの関係を考えることが重要だと述べました。また、子どもとおとなのつながりがうまくいくようにするには、広い意味での「自然」に目を向ける必要があるとも書きました。それは、私が人間をつねに、生きものの一つとして見ているからです。子どもについて考えるのは、私たちが、次の世代へのつながりを願っているからであり、それは、生きものだからこその願いです。

そこで、おとなと子どもの関係を考えるにあたって、生きものという面から子どもはどう見えるのかということに触れておきたいと思います。

子どもとは何だろう。『広辞苑』には「幼いもの。わらわ。わらべ。小児」とあります。最近愛用している『新明解国語辞典』には明解な説明がのっているに違いないと引いてみたところ、「(おとなから見て)少年・少女・幼児」という期待はずれの答えしか得られませんでした。

そこで、しろうとが勝手に自分の考えを進めることにします。それには私の専門、つまり「生きもの研究」を切り口にするしかありません。もちろん、生きものにはみんな子どもがあります。生きものの最大の特徴は、生命が子孫へと続いていくことですから。大腸菌のようなバクテリアの場合にも、分裂してできた二つの細胞を「娘細胞」とよびます(息子ではなく「娘」なのは、生きものとして続いていく基本はメスにあるという意識からでしょう)。このような簡単な方法に始まり、昆虫のように幼虫と親とで姿形がまったく異なるものなど、さまざまではあるにしても、子どものない生きものはいません。そしてそこにはさまざまな形での親子の関係があります。

人間もその一種である哺乳類では、親を小型にした赤ちゃんが生まれ、ある期間乳を与えて育てる……私たちになじみの親子の姿になります。こうして、生物の中に、「子ども」の原型を見出し、かわいい子ネコや子イヌと人間の子どもを重ね合わせるわけです。そこにはもちろん同じところもありますが、ここで子どもについて改めて考えるにあたっては、あえて他の生きものと違うところに注目し、人間の子どもの特徴を考えてみようと思います。

生殖という条件

通常の生きものの場合、個体の最大の役割は生殖です。なるべく早く次の世代を産むことが求められます。一世代が交代するのに必要な時間は、最初に例にあげた大腸菌では、条件が最良の場合には二〇分です。二〇分ごとに娘細胞が生じます。しかし、時の経過とともに、進化によって少しずつ体の構造が複雑になり、世代交代のための時間は長くなってきました。ネコは、生殖可能になるまでに八カ月ほどの時間が必要です。哺乳類ですから、生まれてからしばらくは、いわゆる育児が必要で、この時の親子関係は、私たち人間が見てもいじらしくなるほどのむつまじさです。

けれども、これは、遺伝的に決められた行動であり、ある期間がたつと、子どもは必ず独立していきます。そして、生殖期を迎えます。おかしな言い方をすれば、生物としてはなるべく早く一人前になってほしいのだけれど、体の準備としてどうしてもある程度の時間を必要とするので、しかたなく子ネコでいるというのが正しいのではないでしょうか。おとなになるための一つの過程にすぎないという言い方もできるでしょう。もちろん、人間の子どもにも、このような面があります。

ヒトという生きものを知る

しかし、人間の場合、子どもは決しておとなの小型ではありません。それが現代の認識です。もっとも、これは、まさに現代における認識であって、歴史家P・アリエス（『〈子供〉の誕生』みすず書房）が子ども期の発見をするまでは、人間の子どもも、本来は早く一人前になるべきであるのに、充分大きくならない存在として位置づけられていたことは、よく知られているところです。

今私たちが、「子ども」というときは、「子ども時代」という特別の時があることを前提としています。それは重要なのですが、ただ、私は、生きものとしての人間を見ていこうとしていますので、生きものとのつながりにも注目していきます。

今ここで、子どもについて改めて考えなければならないのも、一つには、現代社会が、「人間が生きものである」ことを忘れてつくられてきたからなのです。たとえば、子どもたちが自然の中で思いきり遊ぶ時間が減ってしまい、それが、子どもを変えている。そしてそれは、あまり望ましい方向への変化とは思えない。これが多くの方の見方でしょう。とくに、生物学の世界にいながら科学技術社会を生きる私としては、生きものとしての人間を見据えることの重要性を指摘したいのです。

一方、子どもという存在の重要性は、生きもの一般から離れた人間の特殊性にあることは事実なので、この矛盾を包みこみながら「子ども」について考えていく必要があるわけです。

それが、現代的な課題といえるでしょう。生態系の一員としてだけ考えられるのなら、判断は簡単です。しかし、そうすると子ネコと同じ意味での子どもしか考えられず、真の子どもは消えてしまいます。ヒトとはどのような生きものなのかについてできるだけ的確に考え、人間の特殊性と「生きもの性」との両方に目配りすることが、私に与えられたテーマだと思い、以後、さまざまな視点からこの問題を考えていきます。

子どもの脳のはたらき

人間に特有の「子ども」という時代を特徴づけるのは、やはり「脳」のはたらきでしょう。

生きものには、二つの情報系があります。一つは、遺伝子から出発するもの、つまり内部から始まるものです。もう一つは、外からの情報を受けとめるところから始まるもので、動物はみんな、なんらかの形で情報を受けとる感覚器をもっています。聴覚、視覚、嗅覚、味覚、触覚のいわゆる五感です（もう一つの感覚、第六感は確かにありそうで、しかも、子どものときによくはたらくような気がしますが、それを感じとる方法についてまだよくわからないので、脇に置いておきます）。そして、外からの情報に対応して行動します。

餌があるぞという情報があれば、そちらに向かって移動する。これはバクテリアでもやることです。バクテリアはたった一つの細胞ですから、外部の情報で直接動けますが、少し複雑な動物になると多細胞ですから、そうはいきません。体の中のある細胞で受けた外からの情報を他の細胞にも伝えて、体全体を動かさなければなりません。そのために、情報を伝えるネットワーク（神経系）が必要です。神経というと何やら高級に響きますが、これは動物が生きていくために不可欠なものであり、簡単な動物もみんなもっています。

たとえば、クラゲでは体中に網の目のように神経系がはりめぐらされています。最初は感覚—運動という直接のはたらきを基本として動いているうちに、その中間に外からの情報を処理する神経系ができたというわけです。受けとめたものに直接反応しないというシステムの中に、途中で一度「考えてみるところ」ができてきました。おいしそうなものがあるぞという情報が入ったけれど、待てよ、急いでそちらのほうへ行っても大丈夫だろうか。もしかしたら危険なことがあるかもしれないぞ。そんな処理をするところが「脳」です。

生物が複雑になるにつれて、この途中の部分も複雑になっていき、今や人間の脳のように、外から見ただけでは予測のむずかしい処理をする器官にまでなりました。脳という器官も生きものの体の一部ですから神経細胞をつくる、それに外からの情報を受けとる受容体を用意する、そこからの情報をすばやく運動系に送るなどというところは、すべて遺伝子情報に従います。しかし、外部情報の処理や蓄積は、直接遺伝子の支配を受けるものではありません。

遺伝子が用意した脳……それは人間の脳としてはたらき得る準備の整ったものであり、それをどのように使うかはあなた次第なのです。たくさんの人と接して多くのものを受けとる、本を読んで過去を知る、インターネットで未知の人と話しあう……ほぼ無限の可能性があるわけです。

ところで、ここで指摘したいのは、準備されたものは、子どもの脳だということです。あたりまえのことですが、決しておとなの脳ではありません。子どもの脳が、外からの情報を受けとめながら、それをいかに処理するかを決めていくわけです。大好きな音楽ならいくらでも入ってくるけれど、数字は嫌いという選択も含めて。もちろん、そのときに入ってくる情報は、社会によって決められます。したがって、どのような脳ができていくかは、社会にも大きく影響されるのです。実は、現代社会の抱える大きな問題は、ここで入る情報を「限定」していることではないか。私は、ここに大きな問題点を感じています。自然との触れ合いが少なくなったこと、家族の人数が少なくなったこと、コンピューターやテレビが主たる情報源になっていることなどが重なって、先進社会であるように見えながら、実は子どもの脳の可能性を極端に制限しているのではないかと気がかりです。先進社会であるように見えながらと言いましたが、実は先進社会とはそういうものなのかもしれません。

とんでもない。今や情報化社会であり、多様で大量の情報が入ると言われるでしょう。確かに、テレビは多チャンネル化しています。一〇〇チャンネルもあるテレビが登場すると言われ、どうやって選択するのだろうと心配になります。インターネットには情報があふれています。でも、南極のペンギンも、インドの象も、フランスのヴェルサイユ宮殿も、木星も……すべて数十インチの四角の中に入っています。暑いのか寒いのか、よいにおいがしているのか臭気が漂っているのか、ちょっと手を出してみるとどんな感じなのか。少なくとも現在の情報はそういうものは消され、まったく同じ大きさの画面で、主として目と耳で知るだけです。

このような情報が脳に入ったときと、身体のすべてを通して入ったときでは、まったく違った効果をもたらすでしょう。こう言うと、近いうちに、ヴァーチャル・リアリティ空間が可能になると言われるでしょう。でもそれも、限定された情報になることは間違いありません。身体と脳との遊離が起きているのです。身体は、私の言葉を使うと遺伝子、つまり他の生物と根を同じくするヒトという生物の「生きもの性」を支える部分であり、脳は、人間の特殊性を支える部分です。子どもという一つの存在の中でそれが一体化することが、子どものもつ可能性を最大限に発揮させます。

私は、子どもの専門家でも脳の専門家でもありませんが、おそらく、子どもの脳は、「その人がもつあらゆる可能性をもっている」のでしょう。これは、一見あたりまえのようですが、とても大事なことで、子どもをそのようなものと位置づけられるかどうか、それが社会に問われていることです。

早期教育と称して、小さなころから、決まりきったテストの解答が上手にできるように訓練するという行為は、明らかに「あらゆる可能性」を認めていないとしか言えません。くり返しますが、科学技術社会は、脳に限られた情報しか入れないという問題点を抱えているのです。

子どものもつ豊かさ

子どもが言葉を創りだす

人間の脳のもつすばらしい可能性の一つが「言葉」であり、言葉を上手に使いこなすことが、さらなる可能性を生みだすことは、人間の歴史が示しています。遺伝子の命令のもとに動く情報系を越えた何かをもつ存在としての人間を考えるとき、その最も顕著な特徴は「言葉」です。ですから、子どもの脳の可能性の中でも重要なのは言葉づくりでしょう。

たまたま、新聞（一九九六年九月一三日付『朝日新聞』の「天声人語」）にこんな記事がありました。保育士と幼児教育の研究者の集りである「子どもとことば研究会」が、発足一〇周年を記念して書きとめてきた子どもたちの言葉を集めて本を編んだという話です。その中には、「このよで　いっとうさいしょに　うまれたひとは　だれから　おっぱいのましてもらったの？」というような大質問があります。五歳の子が、これだけの言葉を使いこなして、人類の起源に言及しているのですから驚きます。

このような事例を見ていると、アメリカの病理学者で、人間に対する深い洞察をもとにしたエッセイストとしても知られるL・トマスの問題提起に心が向きます。彼は、「人間に言葉を創りだしたのは子どもだ」と言っているのです。もっともこれは、彼独自の考えではなく、言語学者D・ビッカートンの提案への共感として語られています。ビッカートンは、ハワイのクレオール語（一八八〇年ころ、サトウキビ栽培のために、多数の外国人労働者が流入したときに生まれた新しい言語）の研究から、「これを創りだしたのは子どもだ」という仮説をたてました。

日本、韓国、中国、フィリピンなどのアジア、プエルトリコ、アメリカ本土などからやってきた人々の間での話し合いはむずかしかったに違いありません。そこで、新しい言語、クレオールが生まれるのですが、それはおとなが創りだしたのではなく、子どもたちによって生みだされたとしか考えられないというわけです。ビッカートンは、ハワイのクレオールは、世界中の子どもたちが最初に話しだす言葉の語順や文法によく似ていると言います。

もちろん、これはまだ仮説であり、今後さまざまな検討が必要ですが、L・トマスは、これをもとに、人間の文化の推進のなかで、子どもが大きな役割を占めてきたと考えを広げていきます。子どもが言葉の名人だということは、だれもが認めることです。海外で暮らした人たちは口を揃えて、いかにその国の言葉に慣れるのに苦労したか、それに比べて子どもたちがいかにやすやすと友だちの中に入っていったかを語ります。ですから、トマスが考えをぐんぐん広げていくのについて行って、彼が、詩について語る言葉にもうなずいてしまいます。

「詩こそ子どもがもっとも得意とする。子ども時代は、人間の成長過程の中で、詩が根づく唯一の時期と思われる。人間を特徴づける子ども時代がなかったら、私たちの文化に詩が生まれることはなかっただろう」。

「長期間続く幼年時代は、ただ単に弱く未熟な期間ではなく、また真の人間性が登場する前に通りすぎなければならない発達の一段階でもない。このときこそ、人間の脳が後の段階では消滅してしまう中枢を使って言語や、味覚や、詩や、音楽を取りこむ時期なのではないか。もし私たちに幼年時代がなく、猫のように幼児からおとなへ一足とびに成長できたとしたら私たちははたして人間になれるだろうか」。

トマスの考えは、まだ学問的に証明されてはいません。しかし、どこか説得力のある考え方で、少なくとも私は、かなり共鳴しています。子どもの脳はあらゆる可能性をもっていると述べましたが、その具体的内容は、子どものもつこの能力だと感じています。

人間は生きものの一つだけれど、しかし特殊なところがあるというとき、その特殊性の最たるものは「言葉」であり、それが子どもと深く結びついていることはとても自然なことですが、これまで子ども時代はこのように明確に位置づけられてきませんでした。トマスのように考えると、子ども時代がくっきりと浮かびあがってきます。親ならだれもが子どもたちのつぶやきを聞いて、「この子は天才じゃないかしら」と思った経験をもっていると思います。実は、「この子」ではなくて、「子どもはみんな」言葉の天才であり、それを思う存分生かすことが、その人が一生を自分らしく生きるための基本をつくるのだということなのでしょう。改めて、「人間の子ども」のもつ意味を知らされた思いがします。

「子ども社会」の創造性

子ども時代にもっている可能性を思う存分生かすとはどういうことなのかをもう少し考えてみます。具体的には、人間との接触、自然との接触ということになるのでしょうが、そのなかでもとくに大事なのは、「子ども社会」を存在させるという簡単なこと——と言いかけて、今はこれが簡単でなくなっていることが問題なのだと気づきましたが、ともかく「子ども社会」の存在だと思います。原っぱで、子どもたちだけで遊びほうけていた私の子ども時代に比べると、子どものいる所つねにおとなあり、というのが現代だと言っても言いすぎではないと思えます。夏休みに、子どものキャンプをすると言っても、たいていは「おとなつき」です。先日も、自然教室の先生が、虫採りだ、食事づくりだと、はりきって準備をしていたら、大喜びでのってきたのはお父さんたち。子どもはその側でピコピコとテレビ・ゲームをやっていたと報告していました。「自然と触れることは人間にとって大事です」というかけ声で、おとなが準備した場所に、おとなと一緒に行っても子どもの世界にはならないということでしょう。

「子ども社会」のない社会は、社会全体として創造性に欠けた、活気のないものになってしまうのではないでしょうか。子どもの問題などと言って、おとなはわけ知り顔に本を書いたり、議論をしたりしているけれど、実はこれは、子ども離れできないおとなの問題なのです。

もちろん、おとなとの接触も重要であり、そこから子どもが多くのことを吸収していくのは当然です。しかし、どうも現代社会のおとなは、子どもとの接触が上手とは言えないようです。子どもの問題と言われていることを解決しようとしている人が、結局おとなにぶつかったと語ってくれました。子どものカウンセリングよりも、親のカウンセリングが必要な場合が少なくないと。子どもの大きな可能性にうまく付きあえず、早期教育の教室が気になるおとなです。これは人間がつくる社会の豊かさの可能性を摘みとっているのではないでしょうか。子どもの社会は子どもに委ねる決心が必要です。

「子どもの時間」の回復

子どものもう一つの特徴は、無限とも思える時間をもっていることです。子どものころの一日の長かったこと。原っぱでたっぷり遊んで、でももうちょっと遊びたい気持ちを抱えながらも薄暗くなったので家に帰るのでした。父が帰る前に玄関の掃除をし、ラジオの子どもの時間を聞いてからお夕飯。今から考えると、ずいぶん早寝をしていたはずですが、床の中でも兄弟姉妹でひと遊びしました。私の場合、弟妹がいたので、お話をする係でした。初めのころは本で読んだ話をしていましたが、だんだん種切れになってきたのと、自分の中で自然にお話がでてくるのとで、創作物を語りはじめました。お話の定番といえば、もらわれっ子でした。話していているうちに本当にそんな気になって「実は私の本当の家は……」と悲劇の主人公になりきり、弟が涙をポロポロこぼしながら聞いている……話は横道にそれましたが、とてもとても豊かな一日でした。もちろん時計など持っていません。自分の体のリズムで動いていたのです。

「もういくつ寝るとお正月」という歌にあるように、一年の時間も、時計とは無関係に自分の気持ちで動いていました。おとななどは無限の彼方にある、自分とは縁のない存在でした。人間の特徴として、未来を考えられる能力があげられます。明日という日があることを信じられるということが、どれほど私たちの生き方に影響を与えているかはかりしれません。でも、子どものころの未来は短期です。明日は〇〇ちゃんと遊ぼうと計画をたてるとき——計画というほど大げさなものではありませんが——の楽しさは、今現実に遊んでいるとき以上のものでした。かと言って、一〇年後のことをそれと同じに考えられるわけでもなければ、ましてやそれ以上先のことなどイメージできません。ただ、時間はずーっと続いてあると感じとっていただけです。

　最近は、子どもたちが時計を持ち、何時何分にだれと会うという計画の中で動いています。それも相手が遊び仲間ならまだしも、行き先の多くは塾やさまざまなスポーツクラブであり、時間はきっちり決められているのです。その中で親は、数年先に受験する学校のことだけでなく十数年も先の〇〇大学の入学試験に通ること（大学で勉強することでなく）を願うのです。大学とはどんなところか、そんなことがわかるはずもない年齢の子どもが、言われるままに大学の話をする……。そのとたんに、せっかくもっていた無限の時間は失われてしまいます。

　おそらく時間を失うと同時に、空間的な意味での広がりも失われ、未来へ向かって決められた道が作られてしまうのです。これでは、せっかくある多くの可能性を捨ててしまうことになり、子どもの世界の本質的切り捨てだと言ってもよいでしょう。前章で、現代は脳の可能性を狭めているのではないかと書きましたが、これがその実例です。

「時間」が生物にとっていかに本質的なものであるかということは、後で触れたいと思います。ヒトという生きものの特殊性としての子どもを眺め、科学技術社会は、その部分を切り捨てようとしていること、そして、その特殊なところを切り捨てることが、実は、生きものとしての人間の本質を失わせる社会をつくっているのだという、少々ややこしい見方をしてきました。なんだか逆説的で屁理屈のように聞こえるかもしれませんが、大事なことだと思います。

ヒトにとっての「子ども時代」

ネオテニー（幼形成熟）という現象があります。動物の体の器官がすべて成熟しないうちに生殖器官が成熟し、子孫を残していくのです。一時流行したアホロートルは、メキシコサンショウウオが変態せずに、幼形のままで成熟した場合で、これは甲状腺ホルモンの不足で起きることがわかっています。このような現象は、進化に一つの役割をしていると考えられています。多足類の幼生の脚は三対しかなく、これがそのまま成体になったのが昆虫というわけです。

ヒトへの進化にもネオテニーが大きく作用していると言われています。ヒトの頭骨をチンパンジーの成体のそれと比較すると形がまったく違うけれど、チンパンジーの胎児のものは、ヒトと非常によく似ています。また、人間の赤ちゃんには生まれたときに大きな「ひよめき」があります。頭のてっぺんがヒヨヒヨしている……なんだかとても頼りなくて、うっかり触ったらそこから頭が壊れてしまいそうで恐かったのを覚えています。そっと触っているとだんだん閉じていくのがわかりますが、頭骨間がすべて縫合するのは、おとなになりきってからのことだそうです。他の哺乳類は、生まれたときに脳がほとんど完成しており、したがって頭骨は硬くできあがっているのに、私たち人間の脳は、誕生後に成長するのです。これは、人間がとくに脳が大きいことと関連しています。もし、生後一年目のころの頭の大きさで生まれてきたら……出産を体験したことのある人なら、だれでも「とんでもない」と言うでしょう。それは不可能です。

哺乳類の中での霊長類の特徴として、体の大きさに比べて大きな脳をもち、妊娠期間と寿命が長いことがあげられます。そして一時に生まれる赤ちゃんの数が少なく、複雑な社会行動を営むというのも特徴として加えられることでしょう。もちろん人間も、霊長類として他の仲間と同じこれらの特徴を共有していますが、一つだけ他と違うところがあります。それが、誕生時の状態です。それは、六カ月から一年ほど早く生まれてきてしまったという感じでしょうか。

妊娠期間は九カ月と霊長類の中で最も長いのに、それでもまだ不足なのです。つまり、ヒトという生物は、成長に要する期間が非常に長く、しかも、早く生まれざるを得ない（脳が大きいので）状況になっているのです。そこで、本来は胎児として子宮にいる時期に、体外でさまざまな刺激にさらされることになり、おそらくこれが人間という生きものを特殊な存在にしている一つの原因でしょう。

生物学者のA・ポルトマンは、「ヒトは学習する動物であるから柔軟性のある胎児のうちに、音やにおいや触れ合いなど豊かな環境に接するために、早く、暗くて刺激のない子宮を去るのだ」という表現をしています。これは、あまりにも目的論的な言い方ですが、気持ちとしてはよくわかります。いずれにしても、ここでどのような環境の中へ出てくるかが大事な問題です。物質的環境、人間的環境……さらには、その社会の価値観が、個体形成の本質に影響することになります。

ヒトという生きものを見ると、とくによくできているわけではありません。力が強い、速く走れる、空を飛べるなどなど、さまざまな生きものの能力と比べて見たとき、ヒトがとくに優れているとは言えません。というよりも、人間が裸で森の中、草原、砂漠などに暮らす姿を考えてみれば、その無力さは明らかでしょう。私たちの強みは、大きな脳で学習をし、その成果を言葉で表現して仲間をつくり、技術を用いて生きていけるところにあります。

生きものが学習を終えて一人前になるのは、性成熟のときとされますが、これも、ヒトの場合、他の動物に比べて長くなっています。胎内からは他の哺乳類より早く生まれて長い間接する外部との関わりでおとなになるので、このときにどのような学習をするかが大きな意味をもってくるのは当然です。それは、遺伝子で決められた発育からはずれた部分であり、ときにおとなになりそこねるという、他の生きものではあり得ないことが起きる危険性も考えられるわけです。

この章では、ヒトという生きものの特徴は、「子ども」時代があることだということを見てきました。子イヌや子ネコとは違う、子どもという存在がある。そして、このようなヒトの特徴と科学技術時代が、どう関わりあっているかを見ると、二つの側面が見えてきました。一つは、社会が人工的になったために子ども時代の大きな可能性を限定してしまい、それが生きものとしての人間の本質をも失わせる危険をはらんでいることです。もう一つは、子どもからおとなへの道を上手に歩むのをむずかしくしていることです。一部子ども性を残しながら、なお、おとなとして確立した存在になるのがヒトという生物の特徴なのですが、これまで述べてきたように、現代社会にはそれを失敗させやすい要因がたくさんあります。少しややこしいのですが、科学技術時代の子どもたちというテーマでどうしても考えなければならないことはこれだと思います。

ヒトが人間になるためにどうしても必要なものである子ども時代を、科学技術時代は上手に存在させ得ないのだとしたら、私たち人間が人間として生き続けることがむずかしくなります。人間を見つめたかったら、子どもを見つめる必要があるのではないか。与えられたテーマを考えているうちにそれに気づきました。いつもは、本来子どもを特別と考える必要のない、生きもの全般について考えているので、子どもは苦手だと思いこんでいましたが、やむをえず考えてみたら、人間特有の姿を見せてくれる子どもという課題には、本質的なことがたくさん含まれているとわかってきました。少しとまどいながらも、この新しい視点を大事にしていこうと思います。

3　二つの世界の子どもを比較する——「やかまし村」と現代

やかまし村の子どもたち

そこで、科学技術時代を生きる子どもを、とくにおとなと子どもの関係に注目しながら見ていきます。

ところで、生物学の実験室では、「あることがらや物質が生物にどのような影響を与えるか」を調べることがよくあります。たとえば、ある物質がネズミに発がん性をもつかどうかを調べるとします。その物質を一度与えて、がんができたからといって、すぐにそれを発がん物質として発表することはありません。また、できなかった場合も、それで発がん性なしと言いきることはしません。何度もくり返し同じことを試し、いつも同じ結果が出て初めて、それを事実と認めるのです（再現性の重視です）。

しかし、再現性よく発がんしたからといって、その物質が原因であると決めるのはまだ早いのです。もし注射をしていれば、針をさすという刺激が何かを引きおこすかもしれません。そこでその物質の入っていない水を同じように注射し――こういう作業をコントロール実験（対照実験）と言います――、それでは何も起こらないことを証明します。

ところで、これは実験室のことです。科学技術が子どもにどのような影響を与えたのだろうと考える場合には、ある現象を取りあげて再現性を云々したり、科学技術なしであればどうなるかというコントロール実験をすることはできません。ですから、近似的にしかならないことを覚悟で、科学技術とあまり深く接していない子どもたちと比較するしかありません。近似的なコントロールです。この近似をどこに求めるかと考えると、これはあまりやさしくはありません。

地球上のどこかにそのような社会を探して比較することも一つの方法でしょうが、さてどこを選べば的確な比較ができるかむずかしいと思います。日本の歴史をさかのぼって、どこかに比較の対象を探すのも一つの方法です。私が子どもだったころと現在を比べれば、確かに暮しは大きく変わっています。しかし、今から五〇年前といっても、都市と農村では子どもの生活はかなり違っていましたから一つにまとめるのはむずかしい。しかも、さまざまな年代の人と話してみると、二〇代の人がもう「今の子どもは……」という言葉を使うのです。どこで区切りをつけるのが適切かを決めるのもむずかしいところがあります。

悩んだ結果、スウェーデンの作家アストリッド・リンドグレーンの童話「やかまし村シリーズ」（大塚勇三訳、イロン・ヴィークランド絵、岩波書店）を比較の対象にすることにしました。

『やかまし村の子どもたち』（一九六五年）、『やかまし村の春・夏・秋・冬』（一九六五年）、『やかまし村はいつもにぎやか』（一九六五年）の三作品です。原作が一九四五年から一九五二年に書かれたこの作品は、スウェーデンの小さな農村――小さいも小さい。家は三軒、子どもは六人です――の暮しをいきいきと描いています。なぜ日本でないのかと叱られそうですが、この作品には、「今

ここに生きる子ども」というテーマで考えたい生き方の原点があるように思うのです。かえって日本でないほうが素直に見られるような気もします し……。理屈をこねるのは止めましょう。この作品が好きなのです。そして、今、「科学技術時代の中にいる子ども」にも、やかまし村の子どもと共通のものを見たいと願っているのです。

　やかまし村の三軒の家のうち、南屋敷には八歳の男の子、中屋敷には九歳と八歳の男の子と七歳の女の子、北屋敷には九歳と七歳の女の子がいます。おとなは、両親たちと北屋敷の目の悪いおじいさん。中屋敷の女の子リーサが綴ってくれる毎日の暮しの中から話題を選んでいきましょう。

「オッレの妹が生まれました」――誕生を考える

「授かる」ことと「つくる」こと

南屋敷の男の子（オッレ）に妹が生まれました。「だいじなのは、とにかくきょうだいがあるってことだよ」。実は、男のきょうだいなんていないほうがいいわと思うことがたびたびのリーサに、一人っ子のオッレはそう言います。でも、「ほかのうちでは子どもができるけど、うちじゃできっこないんだ」と思っていたのです。ところが、そのオッレに妹ができたのです。オッレは大喜び。かわいくてかわいくてしかたがありません。

現代の子どもにとっても、弟や妹は、おそらくはできるものでしょう。そして、一人っ子には、やはりきょうだいっていいなとうらやむ気持ちがある。そんなに子どもの気持ちは変わっていないと思います。しかし、親のほうは完全に変わりました。社会の流れとしては、子どもは「できるもの」または「授かるもの」ではなく、「つくるもの」になりました。私の周囲にいる若い人たちの間でも、

「まだ子どももつくらないの？」

「うん。今の仕事を思いっきりやって成果をあげてからにしようと思って」

などという会話が交わされています。

誕生に関する技術（もう少し専門的に言うなら生殖技術）が日常化したことと、人々の生殖に対する意識の変化とは、どちらが先でどちらが後か判然としませんが、いずれにしても両者がお互いに深くからみ合っていることは確かです。科学技術の時代については、しばしば、どこかから科学技術という私たちの力ではコントロール不可能なものがいやおうなしに与えられて、人間はその中でオタオタしているような語られ方をします。でも、科学技術は天から降ってくるものではありません。もちろん、人間が生みだすのです。そんなことは常識なのに、なぜ、どこかから降ってくるような言い方になるのでしょう。「科学技術者」という人種はちょっと変わっていて、普通の人の生活のことなど何も考えていない奴だということになっているからかもしれず、ちょっと気になります。

この考え方だと、何か不具合があれば、それは自分とは関係のないだれかのせいになります。でも、科学技術者だって社会の一員です。それをよそ者のように扱うのではなく、もし疑問があれば直接その人に問いかけ、生活者として望ましい方向を求める努力をするのが科学技術時代を生きる一人ひとりに求められていることではないでしょうか。生殖技術で考えるとそれがよくわかります。この場合の技術者は医師です。医師が、単なる技術者で人間のことなど考えていないということになったらたいへんです。もしそんなことがあるとすれば（そのような例がないわけではありません。しかも医療の中に科学技術が入りこんだ結果、その傾向は強くなりつつある気もします。本題からはずれるのでこれ以上触れませんが）、どうしても、そうではない状態にもっていかなければなりません。

幸い、生殖技術は、いくら医師が用いようとしても、子どもを産む立場にある女性がその気にならなければ用いられるものではありません。つまり、科学技術時代を生きる人間が、主体性をもって生きるという選択をする最もよい機会が、ここにあるのです。ところが、それを女性が自覚しているかと考えると、このあたりがあいまいになっているように思います。

子どもを「つくる」、子どもの側からみれば「つくられる」という意識は、計画出産が勧められるようになって出てきたものです。この考え方を支えたのは避妊技術ですが、それをより強化しているのが、体外受精などの新しい生殖技術です。「つくらないの？」という会話をしながら生まれてきても、赤ちゃんは赤ちゃん。かわいいと思う気持ちには変わりがなく、子どもとしては同じと考える方も多いでしょう。それは確かですが、それをとりまく事情の変化が、実は、微妙に子どものありようを変えています。一言で表すなら、「つくるもの」であれば、完璧な製品、あるべき姿があり、それがつくれないのは非難されることになります。たとえば自動車がそうです。性能の最もよいとされる製品が、同じように生産されることが望ましいのです。子どもは機械ではないので、完璧ということはありませんし、一人ひとり違ってあたりまえなのに、機械のように見てしまうのは恐いことです。

三つの生殖技術

ちなみに、生殖技術には次の三種類があります。一つは、避妊、人工妊娠中絶など、産まないための技術です。これは、望まない子どもの出生を回避する技術で、古くからさまざまな方法が試みられてきましたが、科学技術時代になり、より確実になりました。「つくる」という言葉が日常語化した背景には、避妊技術の日常化があります。ここで重要なのは、「望まない」という形容詞です。私たちが「子ども」について語るとき、それはかわいいもの、大事なものということを前提にしています。けれども、実は、「望まない子ども」が、つねにその裏には存在しているのです。

江戸時代に貧困ゆえにやむなく行なわれていたとされる「間引き」にも、江戸後期には現代と同じような家族計画意識があったとのことです。間引きの実態を調べると、一家に男二人女一人の子どもがいるのがよいとする考えがあり、それに合う子でなければ育てないという、まさに家族計画と言えるものがあったようです。年をとってから子どもを産むのは恥ずかしいし、育てるのもわずらわしいという世間体や気分からくるものもあったことがわかってきました。そして、避妊や中絶の技術が進んだために、産まない選択をより確信をもってするようになりつつあります。

「望まない」という理由には、ときにふしぎなものも入りこみます。私事ですが、私の長女は一九六六年生まれです。こう書いただけではなんの意味も見えてきませんが、この年は丙午《ひのえうま》でした。出生数を見ると、この年だけガタンと減っています。この年生まれの女の子は、気が強くてお嫁に行けないという言い伝えが効いたとしか思えません。「望まない」という、子どもの上につけるのはちょっとためらわれるような形容詞が、実はそれほど深い意味のない、迷信と言ってよい社会の風潮に左右されているのです。では、これより一つ前の丙午の年、一九〇六年はどうでしょう。一九六六年のような大きな変化は見られません。より合理的になったはずの昭和の時代に、より確実になった技術を用いてより厳しい調整が行なわれたのですから、人間とはおかしなものです。

第二の技術は、子どもを授かることができにくい人々に、子どもを産めるようにする技術、いわゆる不妊治療技術です。人工授精、体外受精があり、これこそ、「つくれるようにする」技術と期待されているわけですが、体外受精の場合、微妙な問題が生じます。「子どもがほしいけれど授からない」という状況であれば諦めることになりますが、つくれるのなら努力する……本人がそう思うだけでなく、ときに周囲から圧力がかかります。治療中の事例として、「七年間も努力をして体も心も傷だらけ、お金も何百万円もかかって。でも止めれば子どもはもてないのだから続けます」と語った女性もいるという報告があります。このようにして生まれた子どもが、本当に望まれた幸せな子ども……となればよいのですが、ときに過剰期待されて、子どもにとっては必ずしも幸せとは言えない事態になることもあるでしょう。

ここで、生まれてくる子どもの立場——少し固苦しく言えば人権との関わりが出てきます。法学者の中には、「子どものいない夫婦が、夫婦生活の破綻を防ぐために子どもをつくるというのは、子どもの人権を無視している」と言う人さえいます。多数派ではないようですが。不妊の夫婦は、全体の一〇％と比較的多いので、体外受精などのいわゆる「つくる」技術は日常化しています。このような社会では、子どもは誕生のときから科学技術の中——というより科学技術がつくりだす価値観の中にいることになります。

生殖技術には、もう一種類あります。「生命の質」を選別する技術、「出生前診断」と言われるものです。私は、「生命の質」という言葉を使いたくないのですが、通常こう言われているのでそう書きます。具体的にここに分類される技術は、受精卵や胎児の段階、つまり誕生前にその個体がもっているさまざまな性質を調べる技術です。これで、遺伝的な異常による障害の有無、性別などがわかります。そこで、障害のない子ども、望みの性の子どもを選択できるのです。これが、さらには、美しくて頭がよくて運動能力がある子どもを……となっていくのではないかということで、アメリカなどではパーフェクト・ベビー願望が問題になりました。私が、「生命の質」という言葉を嫌った理由はここにあります。

実は、人工授精、体外受精、受精卵診断などの技術の活躍が大いに期待され、実用化されている分野があります。畜産です。肉質のよいウシ、お乳のよく出るウシなどは、畜産業の経済性、効率性をあげるために「質がよい」とはっきり言えます。サラブレッドは、スラリと伸びた美しい脚で、みごとな走りを見せて私たちを魅了します。競走馬としてという設定をしたときの質のよさは、そこで明確に判断できます。でも、人間の場合、質がよいとは何を意味するのでしょう。

確かに、お友だちのきれいな顔を穴のあくほど眺めて、美しいっていいなあと思ったことがあります。物理学のむずかしい話を楽しげに話してくれる友人を見ていると、頭がよいっていいいことだとも思います。テニスがうまい人は……こんなことを言っていればきりがありません。でも、一番の仲良しは、なぜだかわからないけれど相性がいい人です。そういう人がいてくれることがなんとありがたいことか。ふつうの暮しを楽しむには選別するために質を云々することなどあまり意味があるとは思えません。

しかも、人間の性質を決める要素としての遺伝子は、二万数千個ほどあると言われ、それらが複雑にからみ合ってはたらいた結果、一つの個体をつくりあげるのであって、すべてをコントロールすることなどできません。パーフェクト・ベビーなどという幻想は捨てたほうがよいのです。しかし、この流れが止められるのかどうか、私にはわからないという他ありません。たとえばアメリカは、最初に紹介したような健康赤ちゃん、完璧な子どものコンテストが開かれた国です。どうもそういう傾向のある国、しかも金銭で自由になることならやってしまうところのある国に思えます。人間のこの願望はかなり根が深いのです。

これまでにあげた三種類の技術を用いた場合の子どもの「つくり方」は、代理母なども含めて多くの問題を含んでいますが、ここではこれ以上細かいところに入るのは止めます。ただ、つくられた子どもはどのような存在になるかということだけは見ておきたいと思います。子どもという存在は、まず、両親があってその二人と遺伝的関係があるとされてきました。そして、その二人は、社会的にも責任をもって自分を育ててくれる、こうして家族を形成するのがあたりまえでした。生物としてのつながりである遺伝的関係、家族という関係、社会的関係が三位一体になっている中に子どもという存在がある。とても安定した状態です。

生殖技術は、親の側から見れば、確かに不妊の悩みの解消の手助けをしましたし、女性にとっての産む権利・産まない権利を保障する役割もしました。もっともその反面、この技術を使ってもなお産むことができない場合の悩みはより深刻になったと言えます。ところで、この技術は、生殖という言葉が意味する「産む」という面をとりまくさまざまな問題については、あれこれ議論されてきましたが、実はそこには必ず、「生まれる」ものがいるということにはあまり目が向けられてこなかったような気がします。生まれた子どもの立場が不安定になる場合もあるということにも、充分な配慮をしなければならないはずですのに。

不安定さは、代理母のように、まったく新しい形の親子関係が生じる場合に最も厳しく現れますが、影響はそこにとどまりません。「つくる」という意識がほとんどすべての親の中にあり、それは技術の進歩とともにより強くなっているわけですから。パーフェクト・ベビー願望は、幻想だと言いましたが、親の心の奥にそれがあると、障害をもって生まれた子どもに対して、自分が失敗をしたと悩む危険があります。

遺伝子の研究が進んだ結果わかってきたことは、ヒトという個体をつくりあげるのは二万数千個ほどの遺伝子がお互いに関係し合いながらはたらいているたいへんな作業だということです。それだけの遺伝子が間違いなくはたらくにはまったくの間違いなしとはいきませんし、だれもが一〇個近く、うまくはたらかない遺伝子をもつという計算もされています。生きていくうえで不可欠な遺伝子――たとえば体づくりに必要な物質を生産する、細胞増殖に関わるなど――に欠陥があれば、残念ながら受精をしても個体にまで育つことができません。自然流産をしてしまいます。つまり、個体として誕生した子どもは、人間という生きものとしての全体性を備えていることが保証されているのです。

しかし、だれも完全ではありません。どこか一〇カ所くらいははたらきが悪いのですが、幸いその欠陥が、現代社会の中で生きていくのにあまり都合が悪くなければ、元気な子どもとして育っていくわけです。不幸にして障害になる場合もある……ここで言いたいのは、元気な子どもと障害児の間には、基本的に明確な違いがあるわけではないということです。人間が、遺伝子のはたらきでつくりだされる物質をもとにして生きている以上、そこに、ある割合で欠陥が生じざるを得ないのです。

もちろん、一人ひとりの子どもは数値や割合で語られるものではありません。日常まず考えるのは自分の子どものことであるのは当然です。しかし、「生物学」という学問からは、「社会」としては、この割合にきちんと目を向けてほしいと申し上げたいのです。特別の障害をもつ人がいるのではなく、人間という存在が生きていくのなら、社会には障害はあるものなのだと認めざるを得ないのです。つくりあげるべきだという規範ではなく、事実としてそれを前提にする社会が必要だということです。障害のある子どもも含めて、「子ども」がある。そのような認識をもとにした社会システムをつくることが必要なのです。

多様性を生きる

ここでもう一度、人間は生きものであるという、私が基本にしている視点を再確認しなければなりません。人間が生きものだなんてあたりまえです。けれども、「生まれてくる子ども」について、「つくる」と考えていること、その結果、「完全製品」を作ろうとする傾向が出ざるを得ない状況をつくりだしていることは、本来生きものがたどってきた方向とは異なっています。二〇世紀後半という、今ここで対象にしている時代は、科学技術時代であると同時に、生きものの科学的研究が急速に進んだ時代でもあります。それが明らかにしつつある生きものの本来の姿と、つくる思考の究極にある完全製品指向とは、相容れません。このような矛盾の中に、今の子どもがいる。このシリーズが扱っている課題のすべては、ここに出発点があります。

子どもを産む……生きものを定義するときに最初にあげられることとして、第一章に述べました。なんとかして自分と同じものを続けて生きさせていくこと。それにかけているのが生きものなのです。ところで、ここでおもしろいことが起きていることに気づきます。どうしたら自分と同じものを必ず残し、続いていけるか。長い長い間（ほぼ四〇億年に近い）、一つひとつの生きものがその工夫をした結果、得た方法は「多様化」でした。私は、今「工夫した」という擬人的な書き方をしました。一つひとつの生きものというのは、バクテリアだったり、ミミズだったり、柿の木だったりします。ですから、人間が日常使っている意味での脳のはたらきとしての工夫をしているはずはないのですが、つい工夫と言ってしまいたくなるので、狭い意味での「科学的」という枠をはずして生きものを見るときの実感としてこの言葉を使いました。

話は横道にそれてしまいましたが、生きもののもう一つの特徴は、いつも開いていることです。開いているとは、自分の周囲――環境――と密接に関わりあっているということです。今まで自分の外側にあった空気が体の中に入っている、水も飲まなければならない……外と内の区別はあってないようなものです。環境は変化し続けますから、それに合わせなければ上手に生きていけません。しかも、生きもののほうが変わると環境も変わる……。その関係が、結局、

「多様化」することが最もよい生存戦略だということにつながったのだと思います。

経済大国という言葉は、数年でどこかに消えてしまいましたが、たとえそれが泡のようなものだったとしても、そのとき、私たちが何をしたかを考えると背筋が寒くなります。当時建てられた建物の中に入って、金ピカのエレベーターに乗ると、社会に余裕ができたときに、多様化を許す社会づくりをしておいたら、もっと気持ちのよい暮らし方ができただろうにと空しくなります。生きものとしての豊かさの方向を求めることが、人間が求める豊かさと相反するものであるはずはないと私は思っています。私たちの先祖がつくってきた「里づくり」に両方を合わせた答えが見つかると思っているのですが、「生まれる」という主題から離れますので、それについては章を改めます。

科学技術時代の子どもが、「つくる」という親の感覚の中で生まれてくることが問題の基本だということをくり返してきました。この意識が「授かる」という方向に戻ることはないでしょうから、ここで「つくる」の意味をよく考える必要が出てきます。均質な完全さをめざす「つくる」ではなく、多様なものをつくりだし、それぞれの特徴を生かすことを良しとする科学技術社会にすることによって矛盾を解決していくしかありません。

子どもはいつから子どもか

「子どもはいつから子どもか」という問題は、人間はいつから人間かという問いです。日常的には、「オギャー」と生まれたときが人間の始まりですが、最近はそう簡単にはいかなくなりました。体外受精を行なう場合には、受精卵が医師の目の前に置かれるわけです。それは、人間の形はしていない一個の細胞ですが、人間になる可能性をもっていることは明らかです。それは子どもでしょうか。これは、概念としての問いだけでなく、実用的な意味をもったものになります。とくに今は、体外受精を行なうにあたって一度に複数の受精卵をつくるのが通常ですから、その中の一部はそのまま処理することになります。

いくらお母さんのお腹の中にいて外からは見えなくても、胎児のことは、だれもが人間と見ていますが、受精卵となるとよくわからなくなってしまいます。いったい、どこからを人間と見るのでしょうか。この問題は、難問中の難問で容易に答えの出せるものではありませんが、私は、哲学と外科学の教授であり、このような問題を深く考えているA・カプラン(アメリカの生命倫理学者)の考え方に共感しています。

受精卵から胚へ、胚から胎児へ、さらには新生児へと移っていく段階——生物学の言葉では、発生段階と言います——に従って、人間性、別の言い方をするなら存在の道徳的価値が高くなる。日常感覚としてはそうです。カプランは、多くの人がそう考えていることは確かだし、その気持ちはわかると言ったうえで、「しかし、これは間違っている」と言うのです。どこからが人間になるのかを決めること、つまり、ある存在は人間と認め、別の存在は認めないという区別をするうえでの道徳的な基盤は探せないというのです。この種の議論は、とくにここ数十年の間、倫理学者の間で熱心に行なわれてきました。けれども、意識や意思という切り口を取りいれてみても、人間と人間でないものを明確に区別する方法を見つけることはできなかったとカプランは言います。

「三〇年以上も議論され続けているということが、その探究は無理だということを示している。とても善良な人たちが、ある存在には道徳的な価値があるのだということを示す魔法を探しに旅立ったけれど、どこにもそんなものは見つからずに帰ってきた」。彼はこう言います。

受精卵を目にすることができる今、これを子どもとよぶべきかどうか、どこからが子どもなのかと考えがちですし、それが決まっていないと困ると思う方が多いと思います。そんなことは本質的にできそうもない。そうつき放すなんて学者の責任をまっとうしていないと思う方もいるかもしれません。でも、カプランは言います。「尊厳というような道徳的価値は、ものに本来備わっているのではなく、社会がそれをどう見るかによって決まるのだということを理解しなければならない」と。

確かにそうです。

たとえば、子どもは宝だと言ったとき、なぜ宝なのか、宝としての性質はどういうものかなどと問うとおかしなことになります。寂しいときに心の慰めになってくれるから、成長が楽しみではりあいがでるから、年老いたときに面倒を見てくれるに違いないから……、考えれば考えるほど変です。いや、そんな自分本位の話ではなく、人類の未来をになうからだなどと言ってみても、やはり、おかしさは変わりません。

そうではなく、私たちが、納得のいく生き方をする中に、子どもを大切にしようという価値観がある、それが大切なことなのです。そして、大切にしようという価値から言えば、いつからが子どもかというのは、一律に決めることではなく、親が、子どもを意識したときからということになるのではないでしょうか。「体調の変化を感じて病院へ行き、妊娠を告げられたとき」「胎動を感じたとき」など、いろいろあると思いますが、科学技術の時代になったので、それが以前に比べて早くなっているというだけのことなのです。

体外受精のような特別な技術を用いた場合でなくても、親が子どもを意識する時期は早まっています（余談ですが、私は今なにげなく「特別な技術」と書きましたが、体外受精で生まれた赤ちゃんの数も、世界では一万人を越し、医療現場では少しずつ、特殊技術という感じが減少しつつあります)。会社勤めの女性の妊娠・出産の実例をまとめた本に、基礎体温を測って排卵日を知り、計画的に受精し、すぐに病院へ行って妊娠を確認した話がありました。超音波を用いて撮影した豆粒のような赤ちゃんの写真を見て、おおこれぞわが子と感動したそうです。まさに、「つくる」という感じですが、だからこそ、早くから子どもを子どもとして認め、愛情を感じるわけであり、親としての意識を早くもつことになったのです。授かっていた時代よりも、能動的に親になっているという見方もできます。これがより積極的な新しい親子関係を生みだすことになるのかもしれません。最近では早くから性別もわかりますから、名前をつけてお腹の中の赤ちゃんに話しかけることもできます。

出生前に子どもの状態がわかることのプラス面を見てきましたが、技術はつねに表と裏をもっています。たとえば、人工妊娠中絶です。科学技術の時代は、少産少死の時代でもあり、少産を支えているのは、多くの避妊法の開発と普及ですが、それとともに中絶も大きな役割をしてきました。生まれ出ようとする子どもの生命を奪うのですから悩みを伴なわないはずはありませんが、優生保護という法律のもとで、親の経済的理由などで行なわれてきました。実数を見ると、非合法に行なわれたものも少なくないことがわかります。一九七〇年代以降は、それまで宗教的理由などから、中絶が厳しく禁止されてきた欧米社会でも、「生殖に関する自己決定権」、つまり「産まない権利」の保障として、女性たちの中から中絶自由化の運動が起きました。

女性の権利の保障の意味は充分理解できますし、さまざまな事情でのやむをえない中絶を否定するものではありません。しかし、子どもの側からも見なければ……。そう考えたとき、豆粒のような存在といえども、それが映しだされた映像は、物言わぬ子ども側の主張として大きな意味をもってくると思います。科学技術の力です。

胎児の驚くべき能力

科学技術時代の子どもと言うときには、どうしても、お腹の中にいる存在をも含めなければなりません。これは、生殖技術や人体の内部を見る技術の開発によって起きてきたことです。これらの技術は通常、自然に反する行為であって、人間らしい生き方を損ないかねない問題のある技術として語られます。もちろん、そういう面もあります。けれども、ここで考えてきたように、人間誕生の過程の最初からを自分の中で実感できるようになり、これまで以上に能動的な親となれるという面もあるわけです。知ることが増えれば喜びも悩みも増える。そこは自分の責任で使っていく他ないでしょう。

ところで、現実に見えてくると、お腹の中の存在についてもあれこれ知りたくなるのは人情です。「おい君、何をしてるんだい?」と。そこで最近の研究は次々と新しい事実を見出しています。胎児医学とよばれる分野がさかんになり、胎児の能力を明らかにしているのです。驚くべき能力と言ったほうがよいかもしれません。私が育児をしていたころ（一九六〇年代後半）は、新生児でさえ、まだ「人間ではない」という感じでした。何もできないとされていました。それが今や、胎児にまでもどって、さまざまな能力をもっているという報告が出はじめたのです。

実は、昔からそれを感じていたから、胎教という言葉があるのでしょう。教育ができると考えたのは、相手がそれを受けとめる能力があると信じていたからに違いありません。もっとも、現代社会のようにせちがらくありませんから、早くから語学を教えようなどというものではありませんでしたが。ゆったりした気持ちでいればよい子が育つと考え、そのために、してはならないこと、避けたほうがよいことはたくさんあげられていました。火事などの災害に出遭わないようにしようなど。

ところが、科学技術の時代は、それらを迷信として退け、物質としてとらえられるもの、計測できる現象、機械の画面に現れる映像などだけを対象にし、そこからわかることだけを頼りに人間を考えることになりました。お腹の中は見えませんから、対象外です。科学的出産、科学的育児では胎教は退けられたわけです。

もっとも、母親の感情が胎児に影響するということは、妊娠した人ならだれでも感じることでしょう。人間関係に関心をもつ精神科の医師や心理学者が、この関係を放っておくはずはありません。一九五〇年代になると、西欧の科学・医学の中でそのような雰囲気が生まれはじめました。しかし、計測、実証を旨とする時代の流れの中で、胎児の様子を知る方法がないのではどうにもなりません。

一九六〇年代半ばころからでしょうか。超音波を用いて胎児の様子を観察したり、胎児の脳波を測定するなど、実証の方法が出てきました。その結果わかってきたのは、胎児は音を聴いたり、外からの刺激を感じたりしていることです。ときには、嫌な刺激に対して身をよじるなど物事を理解、判断しているとしか思えないことも起こります。

胎児の能力については、まず聴覚について、母親の心臓音を聴いており、そのリズムが規則正しいと安心するということがわかってきました。そこで、テープに録音した心臓音を新生児室に流したところ、普通の部屋の子どもより行動が活発になったという報告もあります。よく食べ、よく眠り、あまり泣かずに病気にもかかりにくかったと言うのです。いったい、この影響はいつまで続くのだろう、外界へ出た子どもに、胎内のような環境を人工的に作るのがよいことなのかしら……。しろうととしては疑問がわいてもきますが、とにかく技術が進んだためにはっきりしてきたことです。

胎児がその子を胎内に宿している親にとって明らかな存在であることは、いつの時代でも同じだったと思います。しかし、客観的な存在としてはどうでしょう。これはまだ異界の存在と考えられていました。ということは、客観的に、その能力を云々する対象ではありませんでした。ですから、科学技術時代に入るや、胎児は科学の対象外になり、胎教という言葉は科学的ではないとされたのです。異界という概念は科学の中にはありませんから。ところが、その科学が、胎児を異界から現実世界へと移し、突如その能力を数量的に示しはじめたのですからおもしろいものです。

胎児について、聴覚だけでなくさまざまな能力についての実験が行なわれました。味覚に関しても、興味深いことがわかっています。胎児は羊水を飲んでいますが、これにサッカリンを加えて甘味を増すと飲みこむ回数が二倍になるというのです。一方、リピドールという嫌な味の油性の液を加えると、吸う回数が激減するだけでなく顔をしかめることもあると報告されています。また私事ですが、長女の誕生したころは、アメリカ式合理的育児全盛の時でしたので（これについては育児の項でも考えます）、産院からのお勧めで、総合ビタミン剤を飲ませました。液状の薬をスプーンで飲ませようとしたところ、生後一週間もしない子どもが、舌でスプーンを押し返し顔をそむけてイヤーな顔をしたのです。このときは本当に驚きました。そのころは、生まれたての赤ちゃんは、何もわからないと教えられていましたので、明らかに「まずい」という判断をし、それを表現しているのが信じられなかったのです。最近になって胎児からすでにそれらの能力があると言われるようになり、なるほどと納得しています。

七、八カ月の胎児では、誕生時と同程度の神経回路ができあがり、脳波が現れるところから、脳のはたらき、たとえば記憶なども可能になるとする研究者もいます。昔からよく、音楽家が、初めて接した曲なのに以前から知っていたとしか思えないことがあるという話をしていました。ピアニストのアルトゥール・ルービンシュタイン、バイオリニストのユーディー・メニューインなどもそのように語っています。調べてみると、母親が好んで聴いたり弾いたりしていた曲であることがわかった……。これらは、以前は「ふしぎ」とされていたのですが、胎児の聴覚や記憶力を考えれば当然のこと（もちろん、その胎児に音楽的才能あってのことですが）と言えるわけです。

このようにして、科学的に胎児の姿が明らかになるにつれ、社会的なことがらとして、次の二つのことを考えさせられます。

一つは、母親の意識です。先ほど紹介したキャリア・ウーマンの出産記録の主は、超音波写真で見た「黒豆」のようなもの（胎児になる前で胎芽という）と対話を始めます。明らかに新しい親子関係が生まれつつあります。

もっとも、社会は別の目で子どもをねらっています。胎児教育（さすがに胎芽教育はないようですが）として、早期教育の流行がさらに前へと遡りつつあります。これまで以上に、「早く早く」と子どもをせきたてることになりかねません。科学によって、人間をよく理解することが、子どもの本質をとらえることにつながってほしいというのが、科学者の願いですが、科学という知のありようは、どうしても細分化の方向にあり、全体像をつかむようになっていないために、あるとき得られた知識が全体の中で位置づけられることなく活用されるという欠点をむき出しにしてしまうのです。

私の心からの願いは、若いワーキング・ウーマンの胎芽への気持ちと、科学や科学技術がつながってほしいということです。卵と精子の出会いのところから意識の中にある。それは、コウノトリがどこかから運んできてくれた、天の神様が授けてくださったという気持ちに比べると、なにかほのぼのしたところに欠ける味気ない意識と位置づけられるのが普通です。でも、ちょっと見方を変えてみると、卵と精子の出会いは、なんとも魅力的なできごとと言えます。「ベビートークのオープニング。精子と卵子のトーク。すごくかわいい！　大好き」。先ほどの豆粒ママは、こうも書いています。こうして生じた受精卵が赤ちゃんに育っていく過程も、実は最近たいへんよくわかってきて、わかればわかるほど、一つの個体ができあがっていくみごとさ、ふしぎさ、おもしろさを感じます。

これを細かく語ると生物学の教科書になってしまいますので、それは避けますが、一つだけ触れます。細胞がどんどん増えてたった一つの細胞が二つ、四つとなり、黒豆くらいの大きさまでになった後、身体の形ができていきます。手や足、心臓、肺、脳。できあがったこれらはお互いに関連づけられます。手や足が動くためには神経細胞から神経繊維が伸びて筋肉細胞につながらなければなりません。神経細胞一個と筋肉細胞一個がつながるなどという細かな作業がどのように行なわれるか。正確にそれをつなぐ方法はなかなかむずかしいものですが、身体はこれを巧みにやっています。脳の細胞が、たくさんの繊維を伸ばします。ワーッと筋肉のほうへ伸びていく。その中で、運よく筋肉細胞に到達できるものがあれば、それで目的は達せられます。余分なものは邪魔なので、それは死んで消えていきます。

最初に設計図を描いて、目的のところまで繊維を伸ばそうとしたらどうなるでしょう。中枢神経と筋肉までの距離は、厳密に決まっているわけではありません。三〇センチなのか二九センチなのか……。一センチずれても、正確な連結はむずかしいでしょう。余分に伸ばしてどれかがぶつかればよいという方式なら、三〇センチでも二九センチでもなんとかなります。融通がきくとも言えますが、別の表現をすればいい加減です。精巧な設計図を引いて、完璧な製品を作るという現代科学技術の世界とは違ったやり方です。こんなふうにして身体がつくられていくのだということを知ると……、どう表現したらよいかむずかしいのですが、愛しさが増さないでしょうか。

「つくる」ということで始まった子どもの話ですが、同じ「つくる」でも機械とは違うのであり、そこにはいつも神様の思し召しに似たことがあるという感覚を、科学は探しだしました。私はこんなふうに考えています。これはまだ、多くの方の感覚にはなっていないかもしれませんが、超音波で見た黒豆のような小さな存在に、赤ちゃんを感じた気持ちは、このような事実を上手に受けとめていく可能性を示しています。

何でもスタートが大事です。おとなとの関係の中で子どもの問題を考える一つの道として、胎児へのまなざしが生かせるのではないでしょうか。すでに計画出産が日常になり、「授かる」

でなく、「つくる」になってしまったところは容認するとしても、そのつくる対象が機械とはまったく違うものだという、科学が探し出した事実を踏まえて価値観を転換するのが素直な道と言えそうです。

科学技術は、内なる自然をも壊すものだとだけ考えるのではなく、新しい科学との関係が生まれ、それを基本にした科学技術が生まれれば、それは、内なる自然を生かすものになる。実は、私の仕事はその可能性を探ることなのです。

「ケルスティンが大好き」——育児を考える

ゆったりとした育児

オッレの妹は、ケルスティンと名づけられます。オッレはもちろんのこと、中屋敷と北屋敷の子どもたちも興奮しています。

「わたしは、ケルスティンがほんとにすきです。こんなにかわいい子は、またとありません。アンナとブリッタとわたしは、ほとんど毎日南屋敷にでかけていって、リーサおばさんがケルスティンのせわをするのを見物します。……ケルスティンは、お湯にいれても

らうのが、とてもすきなんです。(中略)

あるとき、アンナとわたしは、ケルスティンのせわをさせてもらいました。そのとき、リーサおばさんは、パンをやいていたので、とてもいそがしかったのです。ケルスティンは、ベッドのなかで、声をかぎりになきさわぎます。そのとき、リーサおばさんがいったんです。

「あなたたち、ケルスティンをお湯にいれられるかしら?」「ええ、だいじょうぶよ!」

わたしたちは、大よろこびで声をはりあげました。アンナは、たらいをもちだして、お湯をいっぱいにいれました。でも、まずリーサおばさんがやってきて、お湯にひじをつけ、あたたかさがちょうどいいかどうか、ためしました。さて、わたしが、ケルスティンをベッドからだきあげました。……わたしは、赤ちゃんのだきかたを知っています。だくときは、せなかをささえるようにしてだかないといけません——とリーサおばさんにおそわったのです。それにわたしは、赤ちゃんをお湯にいれるとき、頭をけっしてお湯につけないため、どうやってだいたらいいかも知っています。……」

こうして少女たちは、お湯をつかわせ、汗しらずの粉をつけ、洋服を着せます(おむつをあてるときは、ちょっと手伝ってもらいますが)。ケルスティンは、満足したのでしょう。足のおや指を口に入れてチュウチュウ吸い始めます。なんて器用なの。少女たちは感心します。

読んでいると、こちらまで気持ちよくお風呂に入ったあとのような気分になってきます。お母さんと赤ちゃんとお手伝いをする子どもたち、この三者の関係がみごとです。こうしてお風呂に入ったケルスティンも、一生懸命赤ちゃんの世話をしたリーサたちも、そしてリーサおばさんも、みんな幸せな満足感を味わっているのがよくわかります。

育児が、こんなゆったりとした形で行なわれていたら、子どもは物語のテーマにはなっても、「子ども問題」は出てこないのではないでしょうか。けれども今や、物語よりも問題を扱った本のほうが話題になります。

たとえば、四〇年以上、ジャーナリストとして家庭教育、学校教育についての取材を続けてきた永畑道子さんは、子育てを大改革しようと熱っぽく呼びかけます。

「子どもは、昔と同じように、素直で、美しい心を持ってこの世に生まれてきます。少しも変わるところはありません。

ただ親が変わりました。子どもを育てる親の側に、大きな変化があります」。

また、小児科で心理相談をしていた高辻玲子さんは、子どものことで相談に訪れるお母さんのほとんどが「子どもを大らかに育てたかった」と言うと書いています。そして、「何ごとも子どものためによかれと思ってやってきたのに、どうしてこんなことに……」と嘆くのだそうです。

やかまし村の子どもたちの暮しは、物質的豊かさをものさしにするなら恵まれたものとは言えません。ここに暮らす子どもたちを一つの基準としたことを単なる回顧と受けとめる方もあるかもしれません。けれども、専門家の報告を総合すると、今も、多くの人が大らかにゆったりとした育児を理想としているのです。現在の日本社会の物質的な豊かさや便利さは確かにありがたいけれど、それと引き換えに、やかまし村の子どものもっている大らかさを日本の子どもが失っているとしたら、それはなんとかしなければならないでしょう。決して、単に昔はよかったではないのです。

しかも、「子ども」が本来何かを失っているのではなく、おとなが変わったのだ。だからおとなと子どもとの関係である育児を考える必要があるのだというのも、これまた多くの人の共通認識でしょう。

育児が不安な時代

子どもが生まれる。これは、生きものの基本ですから、生まれた子どもの育て方は、本能的に備わっている（少なくともメスには）と考えるのは当然です。事実、他の動物たちは、上手に子育てをしているように見えますし、私たちの祖先もみんなそれをやってきたのですから、こんなこと簡単なはずだ……そう思われがちです。しかし、今やこれほどむずかしいものはないという状況になっているのではないでしょうか。

二五年間続いている「赤ちゃん一一〇番」という電話での育児相談をしてきた相談員は、お母さんの子育て不安は時代とともに変化しながら深刻な形で続いていると言っています。「いじめ」が社会問題になると、「おとなしくてすぐ泣く」という性格や「顔に小さなアザがある」という身体のことなどが、「いじめられる子どもになるのではないか」という不安に結びついてしまうのだそうです。「まじめな性格なのでオウム真理教の信者のようになるのではないか」と心配して電話をかけてきたお母さんもいるとか。これがみんな、一歳、二歳の子どもを前にしての話なのです。

やかまし村のリーサのように、母親になる前に赤ちゃんの世話をする体験をした女性はほとんどいないそうです。しかも、情報化社会ですから、育児についての情報収集は充分すぎるほど充分。それと実際の子育てとの違いにどうしてよいかわからなくなってしまって電話をかけてくるのです。どうして育児がこんなにむずかしくなってしまったのだろうと思いますが、科学研究はこの不安に追い打ちをかけます。生きものなら子どもを育てることなど簡単なはずと思っていたのに、動物園で生まれたチンパンジーは子どもを育てる方法を知らないという事実がわかってきました。

つまり、育児は学習を必要とする行為なのです。もちろん、ここでいう学習は、本やインターネットからの情報を手に入れるという意味ではなく、仲間の育児を見て学びとるということです。リーサのように。しかし、現実の社会は母親になる前に赤ちゃんに接したことがない人を増やしています。そして、科学的情報でその代わりをしようとします。いやそのほうがよりよい情報だと思っているとも言えます。科学は、人間とは何かという問いをたててそれを知る努力をしていますので、科学が役に立たないとは言いません。

けれども科学で人間の全体像をとらえるのはむずかしく、少しずつ解明していくしかありません。ところが、世間は科学に性急に答えを求めます（第一章で書きました）。しかも、科学は正しいという神話があります。ですから、断片的に出るデータを用いて、人間全体の問題に応用します。栄養学、育児、健康法など……あるとき大流行したものが大間違いと言われるというくり返しなのに、やはり「科学的」という形容は威力を失っていないように見えます。

もちろん、科学者は人間を知りたいと思っています。育児にも栄養や健康についてもよりよい貢献をしたいと願っています。けれども科学の性質上、それが逆効果を生みだしているのが現状と言わざるを得ません。その中で子どもはいじりまわされ、おとなは迷っているのです。

「統計」と「標準」による育児

複雑で多様な人間という対象に科学で迫るにはどうするか。その中で、かなり有効とされたのは、「標準」という考え方ではないでしょうか。科学は数量化しなければ威力を発揮できません。一人ひとりの子どもを相手にしていたのではどうしてよいかわからない。そこで大勢の子どもたちについて、いろいろな数値を出し、そこから標準値を出すわけです。このような考え方は、二〇世紀初めから児童心理学の中で「科学的方法」として出てきたもののようです。そこに、科学的な分析が加わり、子どもを科学の目で見よう、科学的に育てようという動きになっていったのです。

児童心理学の中で「標準値」という考えが出たのは、もちろん二〇世紀が科学技術の時代であることと関係があります。しかもそれを、産婦人科医や小児科医、そして親が、従来経験的に行なってきた育児よりも望ましいと考えて積極的に取りいれていったのも、これまた科学技術時代だったからこそと言えるでしょう。この方法がよい子どもを育てるという実証がどこでなされたわけでもないのにみんなが取りいれたというのも、ふしぎと言えばふしぎで、時代としか言いようがありません。

ところで、それ以前の経験的育児……日本でのそれは、私の年齢ですと、自分自身が育てられた記憶（本人の記憶ではなく両親から聞かされたものですが）の中にあります。ところが、私が親になったときには、第二次大戦後の、日本の古いものはできるだけ捨ててアメリカのよいところを学ぼうという風潮になり、病院の先生のおっしゃることを守る育児が主流でした。そのときは気づきませんでしたが、今にして思えば、当時の科学的育児法は、ヨーロッパの伝統的育児法に対抗して生まれたものだったわけです。一九世紀（ヴィクトリア朝のころ）の、私たちが小説の中でしばしば接する厳しいしつけをよしとする伝統に対するものです。つまり、欧米で生まれた新しい科学的育児法は、日本にとっては、二重の意味で異質だったのです。

ここで、人間を対象にしたときに、科学的という言葉が、さまざまな問題をもっていることを考えるために、体験を含めて育児を見てみます。

一九六〇年代から七〇年代。子どもについての研究所をもち、最先端の考え方と技術で知られている病院で出産した私は、優等生産婦でした。優等生という意味は、先生のおっしゃることをよく聞く生徒ということです。育児の体験はもちろんゼロ。一人の人間に対して責任をもたなければならないという大事業に向かって緊張していました。私はこうやるのだとか、私はこう考えるのだとか言えるだけのものをもっていないのですから、専門家の教えをよく聞き、忠実に守るのが最高の行動だと思うのが普通でしょう。

そこで言われたことは、「独立心をもった子どもを育てること」であり、そのために具体的に行なうべきは、

①子どもは一人で寝かせること。

②授乳は規則正しく、四時間おきに行なうこと。

③母乳を飲ませてもよいが、多くの場合不足気味になるし、成分も母親の身体の状態によって必ずしもよいとは限らない。完全栄養のミルクがあるので、できるだけそれを飲ませる(一回一八〇cc)。ミルクではビタミンが不足するので、総合ビタミン剤を飲ませる。

④泣いても、ミルクの時間以外は、なるべく一人で置いておき、抱いたりしない。

その他、細かいことをいろいろ指導していただきましたが、今でも忘れないほど頭にしっか

り入れて、一生懸命守った基本はこれでした。毎日お湯に入れたあとには、体重計での測定値をグラフに書き入れ、母子手帳に書かれた「標準値」と比べていました。

この方法で育てた子どもは、とくに問題もなく成人しましたから、先生方に感謝しています。しかし一方で、今、子どもの問題を考えながら、まさに科学的育児の典型の体験を思い出すと、「科学的」という言葉への疑問がわいてくるのも事実です。

まず、二〇世紀に入ってからその方向が出された「科学的育児」の雄であった、時間を決めての授乳は、アメリカでは一九二〇年代から三〇年代にさかんになりましたが、実は、私が懸命にそれを学んでいたころには、すでにアメリカの専門家の中から、この方法への疑問が出されていたのでした。

小児心理カウンセラーの高辻玲子さんの著書で紹介されている、アメリカの女性臨床家、S・フレイバーグの『魔術の年齢』（一九五九年）に、はっきりとそれが書かれています。要約しますと、

「時計による授乳は、誕生と同時に性格形成が始まるという心理学の理論から導かれたものだ。きちんとした授乳がきちんとした性格をつくるとされ、授乳の間隔四時間と決められた。生後一カ月の間の赤ちゃんを観察した結果、そのくらいでお腹がすいて眼をさますという観察にも

とづいて出された値である。この標準に合わない赤ちゃんを持ったよき親は、泣き声に耳をふさぎ、歯を食いしばって時計を見ていた。ここで屈服すれば、甘やかしになり、子どもをダメにしてしまうからだ」。

ところが、そのようにして育てられた子どもが、少し大きくなったころに、食事拒否、食事不安の状態になり、家族の食事時の団らんをぶち壊しにするという相談が、フレイバーグのところに次々と持ちこまれることになったのだそうです。そういえば、長女も、子どものころ、食が細くて食べさせるのに苦労したのを思い出します。拒否とまではいかなかったのですが、途中で遊んでしまって、食事は義務のようでした。

第二次大戦の終わりから戦後にかけて、食べものが充分にない中で育った世代にとっては、食事の時間は待ち遠しくてしかたのないものでしたし、食卓に並んだものは、できるだけ早くきちんと食べてしまわなければだれかに食べられてしまう恐れがありました。子どもだって、父がどれだけ苦労して手に入れたお米かを知っています。母が慣れない手で、庭に作った畑でとれたカボチャは、ちょっと水っぽいけれど、そんなことに文句を言ってはいけないことはよーくわかっています。ありがたいと思いながら、せっせと残さず食べるもの。それが、私の頭の中の食事なのに、栄養分、味、柔かさ、すべてにこまかい配慮をして作った食事をいい加減に食べる時代になったのです。せっかく苦労して作ったのにと腹が立つ前に、信じられないことが起きている現実にとまどいました。

その後、有名なテレビドラマ「おしん」で、母親が、自分のお茶わんの中のご飯を子どもにまわすという場面――もちろん製作者は、お腹がすいているのを我慢して子どもに食べさせる母親の姿を描いたはずの場面で、「あのお母さんズルーイ。自分は食べないで子どもに押しつけてる」という反応があったと聞いて、ありそうなことだと思ったのを思い出します。

科学技術の助けによって作りだされた豊かな食べものの中で、科学的育児をされた子どもたちの「食」に対する態度は、本来生きものとしてもっているはずの自然な欲求を失っているとしか言えません。この、食べものに対する態度は、現代の子どもの姿を象徴しているように思います。

もっとも、ここで取りあげた「科学的」には問題があり、考えるべきことが多いことは前にも述べたとおりです。まず、フレイバーグも述べているように、一九六〇年代にはすでに、時間を決めた授乳に代表される、標準によって個人の行動を縛っていく科学的方法への疑問は、専門家の中から出されていたのです。「科学的」が必ずしも正解でない理由はいろいろあります。まず、科学は決して人間全体を理解できるものではなく、まして、ある時期の発見は、事実のほんの一部を見ているだけということがよくあります。しかも、科学的と称される方法には、しばしばそれを支える価値観があり、それは科学とは無関係であることも少なくないわけです。俗っぽい言い方をすれば、科学が利用されているとも言えます。いかにも先進的に見えながら、実は古い価値観とつながっている。定期的授乳も、どうもヨーロッパの堅苦しいしつけあってのことのようです。

科学的と言われる行為が古い価値観と結びついて行なわれる例は、「誕生を考える」のところで述べた丙午の年の出産数の極端な減少に見られました。体外受精という最先端技術の、日本での最初の実施例が、東北の農村だったというのも考えさせられる話です。おそらく、「結婚三年。子無きは去る」という乱暴な話と結びついてのことでしょう。不妊のカップルは全体の一〇%ほどあるというデータがあります。その人たちは、子どものない夫婦生活のよさを楽しむことになればよいのですが、科学技術が登場した結果、周囲の目はうるさくなったようです。その目は、古くから続いた地域社会であるほど厳しいでしょう。そこで、体外受精というたいへんな努力をしなければならない人が出てきたのですから、なにか切ない話です。現代の子どもは、こういう複雑な関係の中で、この世に登場し、育てられるわけで、なかなかたいへんです。

おばあさんの知恵

科学技術時代の子どもについて考えようとすると、どうしても価値観に行き当たります。育児の話に戻りますと、一九六〇年代、科学的と言われた育児への疑問を提出したのはフレイバーグだけではありませんでした。日本では、一九六六年に出され私も愛用した『スポック博士の育児書』（ベンジャミン・スポック、高津忠夫監修、暮しの手帖社）がそうですし、小児科医の松田道雄さんの著書『育児の百科』（岩波書店、一九六七年）には、育児が欧米化したために起きる弊害を避けようという呼びかけが感じられました。松田さんの『私は赤ちゃん』（岩波書店、一九六〇年）、『私は二歳』（岩波書店、一九六一年）もよく読みました。おじいさん、おばあさんの知恵にこめられた日本の古くからの育児を大切にしようという話に、年寄りと一緒に暮らしていた私はホッとしたものです。科学的育児は、年寄りがいるとすぐ抱いたりするので困ると教えていたので、ハラハラしていたのです。松田さんの本には、時計で授乳時間を測るなどということは、まったく書いてなかったのはもちろんです。

それにしても、科学と育児――いやそれに限らず、科学と人間の日常とを直接結びつけるのは、なんとむずかしいことかとつくづく思います。大ベストセラー『スポック博士の育児書』

の著者だって、ずいぶん揺れたようです。

二〇世紀の半ばころは、冷蔵庫の普及もまだまだで、乳児死亡率が高かったこともあり、科学的育児の必要性を説くことが、医師の役目だとされていました。けれども、精神分析医、小児科医などによる研究が進んで、育児法も少しずつ融通のきくものになってきたという状況を見て、スポック博士は、授乳などについても子どもの要求に応じて与えてもよいという考え方を出しました。もっともこれも、単に科学というだけでなく、彼の背景であるニューイングランド地方の子どものしつけが、ヴィクトリア風のものに比べて、かなり自由であったことを受けているという分析があり、なるほどと思いました。

スポック博士といえば、ヴェトナム戦争で徴兵拒否をする若者が多かったのは、彼が、自由に子どもに合わせて育児をするようにと指導したので、規律に従わない青年ができてしまったためだと非難されたことが思い出されます。国を守るためでもない、理不尽とも言える戦争に若者が自分の命をかけられないと思うのは当然で、それを育児法――とくに育児書の著者のせいにするなどというのは見当違いだと思いますが、その一方でこれは科学に基づいて書かれた育児書の力を示すエピソードと受けとることもできます。皮肉にも国がその力を認めたことになるのですから。

いずれにしても、「科学的○○」というときの問題点は、決して全体を云々できない考え方や方法を用いて人間全体を見ようとしてしまう危険性にあるのです。しかも、あるときの育児の影響は、五年後、一〇年後、二〇年後……とその人の一生に、いやそれだけでなく、その人の子孫にもなんらかの影響を与えるかもしれないのですから考えこみます。

たとえば、最初に掲げた、私の子育て時代の至上命令は、今では日本のほとんどの病院から消えています。赤ちゃんは誕生後すぐから母親の側で寝かせる、母乳が最も望ましい栄養分（とくに初乳には抗体もある）を含むものなのでできるだけ母乳を与える、赤ちゃんの様子を見て、ほしがっているときに飲ませるようにするなどです。ここでは科学は、母子のスキンシップの重要性を説きます。

これで、科学的育児の悪影響は除かれたかといえば、そうではありません。育児書に書かれていること、病院で言われたこと、さらにはテレビや雑誌で流される情報に忠実に行動しようという親の態度は少しも変わっていません。しかも、情報源は多くなり、何をどう判断してよいかわからずに悩む親は多い……子どもに関するカウンセリングをしている友人の話です。この悩みは、子どもにそのまま伝わり、それが子ども世界の不安定さを生んでいるのではないでしょうか。

全人的な行為である育児を「科学的」に行なうことは本質的に不可能なのだとして、むしろ、先人の知恵の中にある人間全体で接していく育児の中に、科学の知識を上手に組みこむようにしましょう。科学にできるのは、このような発信のはずです。それでも、なかなか壊しがたいのが、「標準」というとらえ方です。これは、単に乳幼児のころの育児の問題を越えて、学校教育、社会の中で、どうにも壊しがたい価値を形づくってしまっていますから。

しかし、これが諸悪の根源でもあるのです。科学的となると必ず数値化が求められ、お互いを比べてどちらがよりよいかということにならざるを得ません。しかも困ったことに数値はたった一本のものさしで測ることが多いのです。

赤ちゃんのお湯のつかわせ方は、やかまし村の子どもも、今日本の病院で教えられているやり方と変わりありません。違うのは、終わったあとに体重を測って標準値と比べるかどうかです。それに、子どもたちが弟や妹のお湯をつかわせるかどうか。これはまた、子どもの「労働」、もう少し広く言えば、生活の中での労働のあり方にも結びつきます。

子どもとおとなの関係として非常に重要な育児については、長い歴史がつくってきた知恵に基盤を置くほうがよさそうです。というより、科学は、その知恵を支える役割をするのがよいのではないでしょうか。親が自信をもち、子どもはのびのびすることが大事なのですから。

それにしても、育児って、昔からだれもがやってきたことなのに、改めて考えるとむずかしいものです。

「サクランボ会社」——労働を考える

楽しいお手伝い

やかまし村の子どもたちは、けっこう忙しい日を送っています。学校へ通うのはもちろん、秋には馬草《まぐさ》の中で、冬には雪の中で、雨の日には家で静かにといろいろな遊びを考えなければなりません。それにもう一つ大事なのがお手伝いです。目の見えないおじいさんに新聞を読んであげたり、お使いに行ったり、赤ちゃんのお守をしたり。ときにはお菓子を作ることだってあります。

お手伝いが少しエスカレートして、庭のサクランボをとって国道に売りに行きました。なかなかの繁昌ぶりで売り上げは三〇クローナ。サクランボの木をもっていないブリッタとアンナとオッレも、摘んだり、売ったりセッセと働いたのですから、お金はみんなで均等に五クローナずつ分けました。帰り道、お菓子屋さんでパイを食べ、レモネードを飲んであとは貯金です。

おとなたちがパーティに出かけた日、リーサたちは、ケルスティンの世話を引き受けます。お昼にはご飯を食べさせ、そのあと昼寝をさせる……楽しいお手伝いなので、二人は将来は保母さんになろうと思います。でも、夕方近くなると彼女たちの気持ちは、保母さんになる――かもしれません、に変わっています。

六人の子どもは、どれもこれも楽しみながらやっているので、どこまでが勉強で、どれが遊びで、何が労働なのかわからなくなってしまいますが、いつもいつもこのどれかをやっていきいきと暮らしています。このようにさまざまなことがらが重なりあってできあがっている生活。これを現代の社会は分断しています。

「労働」「学習・教育」「遊び」

人間が生きていくうえで、「労働」と「学習・教育」と「遊び」の三つが、種族保存に必要不可欠な要素だと言われています。くり返し述べているように、人間も生きものの一つであり、基本は続いていくことです。ただそのために、人間は技術と言葉を用いましたから、そこに他の生きものと違った暮らし方が必要となり、それが、ここであげた三つというわけです。自然にはたらきかけて生活に必要なものを生産するための労働、そのときに必要なノウハウを伝えていくための教育、それらの間で気晴らしとなる遊びというわけです。原始時代からこの三つは、生活の重要な要素として存在し、日本では少なくとも鎌倉・室町時代のころまで、子どももこの流れの中に完全に組みこまれていたとされます。もちろん労働の一翼もになっていました。しかもそれは、子どもには子どもなりのものを与えられていたので、労働・教育・遊びが一体になっていたのでした。

これが江戸時代になると少し違ってきます。それも、士・農・工・商、それぞれの身分で異なり、武士は、平和な時代の中で、支配階級の一員として武術のみでなく、いわゆる読み・書き・そろばんを覚える必要があり、学校ができたわけです。児童文化研究者の上笙一郎《かみしょういちろう》さんによると、武士の教育といっても、それまでの実戦に対応するための武術教育は、子どもにとっては遊び的要素が感じられたのに、文字教育になって、大部分の子どもには苦痛になっていったろうということです。しかも武術のときは、おとなを真似て自分で練習する、いわゆる「学習」が主であったのに、読み書きは教え授けられるものにならざるを得ず、子どもにとっては遊びの部分は消え、労働的になっていったというわけです。今の子どもたちの学校と重ねあわせるとよーくわかります。体がムズムズするのに、じっと机の前に座ってむずかしいことを聞かされるつらさは、江戸時代から続いていたのですね。

一方、農・工・商、つまり労働者の社会では、労働・教育・遊びは一体化していました。子どもも苗運びや草刈り、弟妹の子守、ときには子守奉公や丁稚奉公があり、なかなかたいへんだったのです。子守といえば、私が第二次大戦中疎開をした先の小学校では、農繁期には学校へ弟妹を連れてきてよいという慣習がありました。私が通っていた学校は、焼物の町にあったので、専業農家は少なく、あまりこの制度は活用されていませんでしたが、都会から行った私にはこれがおもしろくてしかたがありませんでした。どうしてもやってみたくて、当時二歳だった妹を連れて行き、自分の席の隣に座らせておきました。妹も学校が珍しいのでついてきたがって……農家の子でもないのに半分遊びの気分で姉妹で楽しませてもらったのです。先生も寛大でした。

もちろん、母も慣れぬ手つきで、庭にカボチャやサツマイモを作っていましたから、日常友だちと遊ぶときも、弟や妹を連れて行かなければなりませんでした。ときに、ちっちゃいのがくっついていると、思いっきり遊べないなあとうるさく思うこともありましたが、それほどの苦痛ではありません。こうして、農繁期、農閑期というようなリズムのある、また四季の変化を直接感じることのできる労働と遊びの連続した生活が子どもたちの中にあった――これは、第二次大戦後の高度経済成長のときまで続いていた姿でした。

江戸時代のもう一つの身分である商。身分としては最低の位置に置かれていましたが、そのころの文化をつくったのはこの人たちであったわけで、その子どもたちも、まずは寺子屋で教育を受け、都会の中で出始めた玩具や絵本を楽しむなど、私たちが今思い描く子どもらしい生活をしていました。もちろんお手伝いをしながら。

そして明治になります。ここから、現在の私たちの生活と同じ義務教育と資本主義の中での労働が始まり、遊びを暇つぶしと見る価値観が生まれてきます。

そして今、科学技術時代と言われる中での子どもたちの労働、学習＝教育、遊びはどうなっているでしょうか。今でもこれらが、人間生活の基本であることに変わりはありませんから、これが子どもの中でどのような姿で存在し、どのようにおとなにつながっているか。それが、子どもを考えるにあたって、重要な一つの視点になるでしょう。とくに現代社会で重視されているのは、学習＝教育です。

生きものとしてのヒトの特徴は、大きな脳を用い、学習によって柔軟性を獲得することだとは前に述べました。他の生きものが、ほとんど本能に従って生きているのに比べて、人間は、多くを学び、新しいものを生みだしていきます。労働も遊びも学習のうちに成り立っていくのです。しかし、単なる学習では不足になり、教育が登場しました。教育が学習を支えるだけのものなら問題はありませんが、そうなってはいません。現代社会の教育の中心である学校は、自ら学ぶというよりは、知識を教えこむところになっています。そのうえ、科学技術時代は、労働と遊びも変質しており、これらが生きものとしての三要素になっているかどうかさえわからなくなってきています。

学習ではなく教育が子どもの生活の中の大きなウェイトを占めることになったこと、しかもその教育がどんどん制度化していったことは、生きものとしての人間を見ている私にとっては、大きな問題に見えます。どこに子どもたちの生活の基準を置くかと考えたときに、思わず「やかまし村」の子どもたちを選んだ最大の理由は、彼らの中で、学習・遊び・労働が一体化していると見えたからでした。現代社会におけるこの問題の重要性を感じたからです。

科学技術時代の子どもについて考えるとき、子どもとコンピューターというような科学技術と子どもの直接の関係よりも、おとなの生活に科学技術が入りこんだために子どもの位置が変わったことに目を向けたい。少し斜にかまえているように見えるかと心配しながらも、視点をそこに置いてきたのは、そのためなのです。

子どもの生活が、労働、遊び、学習の一体化したものでなくなったきっかけは何か。厳密にはわかりませんが、都市化が進んだこと、家電製品が家庭に入ったことが大きいことは確かでしょう。今では、電気冷蔵庫、電気掃除機、電気洗濯機などなど、あたりまえのものになっています。これらはいずれも、私が中学・高校時代にわが家に入ってきましたので、それがある生活とない生活の違いは、はっきりした記憶として残っています。

掃除は、朝夕、箒《ほうき》を使ってやるものでした。私が小学生になったときに与えられた役割は、夕方、玄関のたたきと玄関から門までの間をきれいにすることでした。箒で掃いたうえに打ち水をするのは、父が会社から帰ってくる時刻に合わせていました。掃除は、父に気持ちよく帰ってもらうために母が決めた習慣でしたが、やっているうちに、どうせやるなら父にほめてもらおうという気持ちになり、タイミングを見はからうようになったのです。なんとなく見え見えのよい子をやっていたなと思います。それはともかく、これは労働というだけでなく家族の関係をつくる役割もしていたのだと思います。

大きくなるにつれて、役割は増えていきましたが、玄関掃除は一番印象深く憶えています。私が子どもを育てるころには掃除機があたりまえになり、毎日掃除をする必要はなくなりました。しかも大きな機械は子どもには無理なので任せられません。玄関の掃除はできるにしても、困ったことに父親は、夕方決まった時間には帰宅しません。多くの場合、子どもたちが寝入ってしまったあとにならなければ帰ってこないのですから、私が子どものころに感じたちょっとワクワクする気持ちを味わわせることはできない状態でした。

お買い物の手伝いも楽しいものでした。あまりめんどうなものは無理ですが、卵など、決まったものを買うのは子どもの役目です。お肉屋さんも、母と一緒に何度も行っているので、おじさんがわかっていて、ちゃんと母のほしいものを渡してくれました。乾物屋さんのおばさんも、お肉屋のおじさんも、なじみになりました（東京の真ん中の町ですが、今でもときどき車で通ると、高いビルの並んだ間に、お肉屋さんも乾物屋さんも昔のおもかげを残して健在なのは感激です）。

家事のゆくえ

こんなことを書いていれば、いくらでも書くことがあり、私の中では、遊び、労働、学習が一つになって身体に残っています。子どもたちにも、なるべくそれをさせようとしましたが、社会全体の流れは、それをむずかしくしてしまっていました。科学技術の中の子どもというと、すぐに思い出されるのはコンピューターですが、実は、私たちがもうあたりまえと思っている掃除機や洗濯機が生活に与えた影響は非常に大きいのです。もちろん、家事からの解放というありがたみは充分評価したうえで、私が子どものころに味わったあのお手伝いの満足感をどこかに探したいと思います。

家電製品による家事の軽減は、いろいろな暮しの変化を起こしています。外で働くお母さんが増えたことの他に、以前に比べて一人暮しの男性が増えました。結婚しない人ももちろんありますが、家族があっての単身赴任が少なくありません。暮らし方を聞くと、夜遅く帰っても、栓をひねれば熱いお湯が出るのでお風呂にはすぐに入れる。洗濯も機械がやってくれる。食事は外食もできるし、ときに家で食べるにしても、スーパーマーケットで一人前のおでんを買って、その中に好物のスジ肉を入れたり、タコを足したりすれば結構おいしいと、とても具体的に話してくれました。もちろん、寂しさはあっても日常の暮しに困ることはないわけです。

女性の手を借りなければ暮らせない生活能力のない男性は、ステレオタイプ化された亭主のイメージとして残っているだけなのかもしれません。それは、好ましいことですが、単身赴任をしなければならない理由には教育があげられることが多いのは気になります。子どもと父親が離れるのは望ましくありません。育児相談をしている友人は、父親の変化として、育児への参加がさかんになってきてよい傾向とも言えるけれど、「母親二人」のようになっているのはまずいと感じているとのことです。以前は、母親が育児で悩んでいると父親が、くよくよするなよと励ましたのに、今では二人で育児ノイローゼになってしまう。これでは子どもは救われません。

家事が、協力を必要としていたときには、いやでもつながっていた家族が、一人ひとり独立して暮らしていける生活になったために、日常をともにせずとも困らなくなりました。その中での子どもの位置が変化していることが、子どもにとってどのような意味をもつかについては、すぐには答えが出せません。

働くことについて、手伝いを例に、家庭の中に子どもの働く場がなくなったと書きました。それは、働く必要がなくなったとも言えますが、それだけでなく、親が働くことの意味を認めていないということでもあります。それより勉強をしなさいというわけです。もっとも一方で、アルバイトをしている若者は増えています。アルバイトは、手伝いと違って金銭的報酬を受けとります。労働は時間で測られ、時間に相当する報酬が払われる。これは、科学技術がつくりだした産業社会の縮図です。

家庭を単位にした労働の場合はお互いの助け合いがあり、個人としては無償の働きだけれど、家全体で何かができあがっていく喜びを味わったわけです。農業・商業は、労働そのものが家族の協力を前提にしていましたし、その延長上で、家庭内の手伝いが常識だったのですが、それがまったく違ってきたわけです。家族での労働を評価しないという意識は、とくに日本で強いように思います。日本は労働時間が長いと言われます。確かに、サラリーマンが、会社などの組織に拘束される時間は長いかもしれないけれど、働いている時間はどうだろうと思います。

イギリス、ドイツ、スウェーデンなどの家庭生活を少しずつのぞいた経験からすると、どの家庭でも、家族がよく働いていました。たとえば、家を造ったり維持したりという作業をマメにマメにやっています。男性も女性も、とにかく多くの時間をそれに使っていました。会社から帰ってから、庭の樹の枝を折ってストーブ用の薪を作っていたスウェーデンの鉄鋼会社の部長さん、居間の壁紙貼りを楽しみにいそいそと帰ってきたドイツの製薬会社の重役さん。イギリスでは、庭づくりがみごとでした。それらは、もし専門家に頼めば高額の賃金を払わなければならない働きです。その時間を足せば、労働時間は長いとも言えます。でも彼らはその時間を自分で計画し、それを楽しみにしている。ここでは労働と遊びが重なっています。

このような働き方が少なく、労働は金銭に直接換算できるものになっている現在の日本社会では、子どもの労働は家の手伝いではなく「アルバイト」になるわけです。それは、金銭を手にする手段であり、ときに金銭を使う遊びのための手段です。実は、働き、遊び、学びが一体となっている生活が壊れたという感じは、家や地域を一つのかたまりとしてとらえたときのことであり、印象が大きいのは、それらがすべて「お金」という媒体によって結びつけられるものになりつつあることかもしれません。

ここには、私の価値判断が入っています。決してお金を否定はしませんが、人間の活動として、働き、遊び、学びが一体として存在する場と時間とが生活の中にあるほうが、子どもとおとなの関係、子どもがおとなになっていくプロセスが見えやすく、そちらを選択したいと思っているのです。しかも、子どもたちに、まずお金ありきという価値観をもたせるのはどんなものかという疑問があります。できるだけ効率よくお金が入ることがよいというところから、売春をして何が悪いのと考える子どもたちも出ているとなると問題です。お金以外の、人間を中心にした価値が消えていくのは困ります。

阪神・淡路大震災をきっかけに、若者のボランティア活動が大いに評価されるようになったのは望ましいことですが、そこにも少し歪みが見えます。ボランティア活動は、まさに、生活の場があり、そこでの活動の中の一つとして組みこまれるはずのものなのに、ある特別なときに特別に行なわれる活動として評価されるものになっています。ボランティア活動は、それだけで一つのテーマになりますし、そこに多種多様な活動が含まれますから一面的な評価は避けなければなりません。けれども、とくに若者たちの中でのボランティア活動を、特別な時だけでなく、日常的な生活と結びついたものとして、着実に位置づけていくことが重要であることは間違いないでしょう。

「ポントゥスが学校にいきました」——学校を考える

生きものとともにある時間

リーサは、ある日学校へ子ヒツジを連れて行くことを考えます。「そんなことして大丈夫かな」。男の子が疑問を投げかけ、話しながら歩いていったので遅刻します。学校の階段をのぼるとき、子ヒツジがつまずくと、ラッセが「まだガッコウテキレイキになってないのかもしれないぜ」と言います。実は、ラッセが学校にあがることになったとき、教室でじっと座っていられなかったので、先生が「あなたはまだ学校適齢期じゃないわね」と言ったのです。「学校へ来る前に、もう少し遊んでおく必要があるのよ。来年になったらまたいらっしゃい」と。

子ヒツジには先生もびっくりしますが、理科の教科書のヒツジのところを勉強し、「メエ、メエ、ヒツジ」の歌を歌いました。でも、「あしたは、牡牛をつれてくるからな」というラッセに、先生はいいました。「動物を学校につれてくるのは、これでおしまいよ」。

やかまし村の子どもが学校から帰るときは、それは楽しいのです。行くときの倍くらいの時間がかかるのはなぜか、よくわからないけれど、どうしてもそうなってしまいます。帰り道の

郵便はがき

料金受取人払

牛込局承認

6015

差出有効期間
平成32年4月
24日まで

162-8790

（受取人）

東京都新宿区
早稲田鶴巻町五二三番地

株式会社 藤原書店 行

ご購入ありがとうございました。このカードは小社の今後の刊行計画および新刊等のご案内の資料といたします。ご記入のうえ、ご投函ください。

お名前	年齢

ご住所 〒

TEL　　　　E-mail

ご職業（または学校・学年、できるだけくわしくお書き下さい）

所属グループ・団体名　　　連絡先

本書をお買い求めの書店	
市区 郡町　　　書店	■新刊案内のご希望 □ある □ない ■図書目録のご希望 □ある □ない ■小社主催の催し物案内のご希望 □ある □ない

書名		読者カード

●本書のご感想および今後の出版へのご意見・ご希望など、お書きください。
（小社PR誌『機』に「読者の声」として掲載させて戴く場合もございます。）

本書をお求めの動機。広告・書評には新聞・雑誌名もお書き添えください。
店頭でみて　□広告　□書評・紹介記事　□その他
小社の案内で　（　）　（　）　（　）

ご購読の新聞・雑誌名

小社の出版案内を送って欲しい友人・知人のお名前・ご住所

ご住所　〒

購入申込書（小社刊行物のご注文にご利用ください。その際書店名を必ずご記入ください。）

書名	冊	書名	冊
	冊		冊
	冊		冊

指定書店名　**住所**

都道府県　市区郡町

途中にある岩の上に乗ったとたん、その岩は船で、海の上をあてどもなくさまよっているんだということになります。だれも助けてくれなかったら飢え死にする。何よりもつらいのは水がないことです。

そこから抜け出したあと、もう一つだけ寄り道です。ひとりずつ木にのぼって、鳥の巣をながめました。巣の中には、空色の小さい卵が四つありました。のぞくだけだったので、そんなに時間はかかりませんでしたけれど。家へ帰ってお母さんに帰り道の話をすると、「なるほどね。あなたたちが、五時までに学校から帰って来ないわけが、だんだんわかってきたわ」と言います。

ある日のやかまし村の子どもたちの学校を中心にした生活です。これは、私が子どもだったときのそれとピタリと重なります。

この子どもたちと同じころ、空襲を逃れるために愛知県、三河湾沿いの小さな町に疎開をしていた私は、まさにこんな毎日を送っていました。学校からの帰り道は、なにかおもしろいことを探す時間でした。途中の畑は、四季によって、それぞれ違った顔を見せてくれます。ソラマメが植わっているときは、葉っぱをとって笛を作ります。葉の表と裏をはがして袋を作るのはむずかしく、いつも失敗しました。ときには、農家のお友だちの家に寄って、サトウキビをもらって食べることもありました。

ここではっきりしているのは、子どもの周囲に流れている時間は、すべて「生きもの」に合わされていることです。それに対して、現在の学校では時計で測定する時間だけが流れているのではないでしょうか。もちろん、授業開始の時刻が決まっていたり、時間割があったり、一年間の学習計画があったりしなければ、ことが進まないのは当然ですが、時計の時間だけでは息苦しくなります。

学校の時間

学校の始まりと終りの決まり方は、どうなっているか。やかまし村の子どもたちは、ある日、どうしても子ヒツジを連れて行きたくなってしまったために、道中がたいへんで、遅刻してしまいました。けれども、先生が、そのことをとがめたふうはありません。ひるがえって日本の学校の現在を見ると、校門の前に先生が立っていて、一分でも始業時間に遅れたら、それは「ダメ」と決めつけます。重い校門を時刻どおりに閉める。そのことだけに気持ちが向いていたために、そこを通ろうとする子どもがいることに心を向けることができず、生命を一つ失わせてしまったという信じられないような悲劇が現実に起こったことを、私たちは忘れることができません。何が大切なのかという判断がおかしくなっているとしか言いようがありません。

私が子どものころ、いや、二十数年前、家の子どもたちが小学校へ通っていたころも、学校へは早く出かけたものです。始業より三〇分、ときには一時間も前に学校に着くように、はりきって行ったのは、決して勉強が目的ではありません。私の場合、都会の真ん中の学校で、校庭がとても狭かったこともあり、早く行かないと遊び場確保に遅れをとってしまうので、せっせと出かけて行ったのです。ドッジボール、石けり、なわ跳び……今考えるとたわいもない遊びに、ものすごい情熱を傾けていたものだとおかしくなりますが、当時は、勉強よりもはるかに重要なことでした。真剣でした。あまり非常識にならない程度に早く登校して、懸命に遊ぶことを、禁止するものはありませんでした。規則も、先生の気持ちも。

現在の一刻も遅れてはならないという規則は、ふしぎなことに、早い登校も「ダメ」としています。もちろん、そこには、子どもたちが事故を起こしたらたいへんという配慮があるのでしょうが、裏返せば、だれも責任をもちたくないという意思表示です。

そして、その裏側には、「危険」に対する対処の考え方があるように思います。子どもを危険から守ることは大切ですが、危険への対処のしかたがはたして今のままでよいのか、疑問も生まれます。生活をしていれば、周囲にたくさんの危険があるのは当然です。人間は古来から、たくさんの天災に出遭ってきましたし、そんな大きな災害でなくとも、道を歩いていて転ぶかもしれない、鉄棒で遊べば落ちて怪我をするかもしれないという身近な危険は数えきれないほどあります。最近では、自動車事故など、いちばん心配なものです。

危険を予知する能力

ここで、少しおかしなことが起きています。大きな自然災害、つまり地震、噴火、津波などは人間の力で制御できるものではありません。最新の技術で予測をし、また起きたときの対処の方策を立てて災害をできるだけ少なくすることくらいです。しかし、日常の危険……水たまりに落ちないように気をつけようとか、天候の不順なときに山に入るのは止めようなどということは、自分の責任で対処するものですし、幸い私たちは、これらに対処する能力を与えられています。子どもを育てているときに、人間は小さいころからそれらの能力をもっていることを教えられる体験をいくつかしました。

長女がやっとつかまり立ちができるくらいになったとき、縁側の端まで這っていき下をのぞいていました。そのまま頭から落ちはしないか。新米の母親としては、ハラハラしながらも、何か考えているふうなので観察していました。すると、しばらくのぞいた後、クルリと向きを変え、縁側の下へ降りてつかまり立ちをしたのです。しかも、そこは、縁側の下に台が置いてあって長女の身長で充分縁側に届く場所だったのです。どう見ても、縁側の高さを見て、つかまり立ちができるかどうか、測っていた……安全を確かめていたとしか思えません。こんなに小さくても、でたらめはやらないんだと思って驚いたものです。何が危険か。それを知る能力を基本的にもっているのが、生きものとしての人間なのだと思います。

ところが、人間が作ったもの、身近なもので言えば、自動車はどうでしょう。本来、人間が作ったものですから、人間の制御のうちにあるもののはずですが、おそらく、人類誕生以来の自然界での生活で得た体験の中からは、その危険を本能的に避ける能力は生まれてこないのではないでしょうか。教育するしかありません。便利さという面から見れば、制御しやすい機械である自動車は、危険という面から見るとめんどうなものなのです。

科学技術時代の子どもは、そのために、二重の意味で、危険の中に置かれることになりました。一つは、本能的に危険を避けることがむずかしいような多くの機械の中に置かれていることです。しかも、それらは便利なものなので、生活に深く入りこんでおり、本能的に危険を察知できる自然に近い暮しはどんどん減っています。したがって、本来もっているはずの危険を察知し、それに的確に対処する能力の訓練は行なわれる機会の少ないまま成長していくことになります。

一方、自動車に代表されるような人工のものから身を守るためには、保護が必要……できるだけ危険なものを避けるようにということになります。その結果、もし子どもが事故にあったら、それは、「管理できるはずの危険を管理できなかった人（ときには組織）がいけないのだ」ということになります。池に子どもが落ちれば、そこに柵を作らなかった自治体がいけないことになり、学校で怪我をすれば校長先生の責任になる。そこで、始業前に学校へ来て遊んでいるうちに、何ごとかが起こっては困るので、それを避けるために規制をしなければなりません。

科学技術は、恐ろしい自然から私たちの身を守る機能をもっており、そのプラス面を評価したからこそ、私たちは、科学技術を進めてきたはずですが、それは、子どもを——もう少し広く言えば人間をということになるわけですが——「危険」との関係をどうとってよいかわからない状況に置いているのです。これは、「生きる」ということから考えると、とても本質的な問題ではないでしょうか。

危険については単に現実の場での問題だけではなくて、すでに何度も述べた価値観の問題があります。科学技術の世界には、完璧なものをねらい、悪いことはゼロにせねばならぬという思想があります。その価値観の中では、子どもが事故に遭うことは、「不幸なこと」ではなく、「あってはならぬこと」になります。

実は、科学技術は数の世界ですから、完全に安全なものを考えることはできません。それなのに、一方では人工のものには完全な安全性が要求されるという矛盾が生じているのです。たとえば、原子力発電所をめぐる論議にそれがみられます。私の専門に関連するものとしては、組換えDNA技術についてもそのような議論がありました。「その技術は一〇〇％安全か」という問いが出されれば、どのような技術であっても、「はい」とは言えません。

発電所について言えば、放射性の物質が外部に洩れることのないよう万全の努力がなされていること、日常事故を起こさないよう充分な注意を払うことは不可欠です。また、放射能の人体への影響についての研究を進め、どんな種類の放射能がどれだけの量でどれだけの影響を人体に与えるかを知り、現実的な対処法を手にできるようにすることも必要です。このような形での対処が、科学・科学技術としての誠実な態度です。けれども社会では、安全か安全でないか、黒か白かという問いが出されます。それに対応しようとしてかえって科学技術としての誠実さを失うことになっているのが現状です。このような悪循環が起きている社会で育つ子どもを、「生きもの」という視点からみると、問題ありとなってしまうのです。

「生きる力」と「ゆとり」

ではどのようにすればよいか。必ずしも、今ここで私が指摘したようなところから始まったことではありませんが、今の子どもの置かれた状況を改善しようとする提案がいろいろ出されています。最も公的なものとして、「中央教育審議会」の答申があげられます。「二一世紀を展望した我が国の教育の在り方について」という答申は、「子供に「生きる力」と「ゆとり」を」という題になっています。このような答申が出されたきっかけは、学校の中での陰湿ないじめ、不登校児の存在などに対して、先生も親も社会もどう対処してよいのかわからなくなっている状態からなんとか抜けだして、明るい未来を見たいという願いにあるのだと思います。

「生きる力」と「ゆとり」という言葉を見たとき、私は、やかまし村の子どもたちを思いだしました。彼らの中にはまさに、これらがあります。そして、ここで大事なことは、この二つは、深くつながっているということです。つながっているというより、ゆとりのないところに生きる力などあり得ないと言ったほうがよいと思います。

このように、答申の鍵となっている言葉がお互いに響きあうなら、子どもの生活はすばらしいものになるに違いありません。しかし、ここでおとなが子どもたちに求めていることは、残念ながら私の願いとは少しずれています。答申にはこうあります。

「子供たちは、積極面もあるが、ゆとりのない生活、社会性の不足や倫理観の欠如、自立の遅れ、健康・体力の不足など、さまざまな問題を抱えている。しかも、家庭や地域社会の教育力は低下している。これからの社会は、国際化、情報化、科学技術の発展などがいっそう進むと思われ、変化が激しく、先行き不透明な時代になる。そこで、これから求められるのは、変化の激しい社会を「生きる力」だ。豊かな人間性など、時代を超えて変わらない価値のあるものを大切にするとともに、社会の変化に的確かつ迅速に対応する教育が必要だ」。

「とくに重要な課題は、過度の受験競争の緩和といじめ・登校拒否の問題の解決である」。

さらりと読めば、とてもすばらしいと受けとめられますが、「科学技術時代の子ども」について考えている私にとっては、とまどう他ないところがあります。

「ゆとりのなさ、社会性や倫理観の欠如、自立の遅れ、健康・体力の不足」と、これだけ並べられて、ああそうですかではすまされません。生きていくというプロセスに関心のある者から見ると、これだけのものが欠けていたら、はたして生きていると言ってよいのだろうかというところまで追いつめられた気持ちになります。私が、子どもというテーマを与えられながら、目を子どもそのものよりも社会に向けることになっているのも、問題はここにあると思うからです。ここに具体的にあげられた問題の中で、少なくとも、ゆとりのなさと健康や体力の問題は、子どもたちへの科学技術の直接的影響でしょう。

家庭や地域が子どもの基本的な教育を投げ出してしまい、学校ばかりに頼っているのも、その延長上にある問題ではないでしょうか。そうだとすると、子どもにどうしろこうしろと言ってもはじまりません。その原因となっている「科学技術時代」を見直すのが筋です。科学技術は、天から与えられたどうにもならないものではありません。私たち人間がつくりだしたものなのですから、私たちが考えてつくり直せばよいはずです。ところが、答申ではそうは言っていません。「科学技術はいっそう進展し、先行き不透明」とどこかで動かされているかのような言い方です。おとながつくっている社会に責任をもたず、根本原因はそのままにして、先行き不透明なものに対処する力をつけなさいと言い、それを「生きる力」と名づけるのはおかしな話ではないでしょうか。

私が、「やかまし村」を一つの基準として取りあげたのは、描かれている六人の子どもたち、子どもを中心にした家庭や地域、そして学校が全体として、今回の答申で出された問題を解決しているからです。やかまし村は、現代科学技術時代の前、電化製品や自動車が日常に入っていない時代の生活ですから、そこへ戻るわけにはいきません。ただし、先行き不透明などと無責任なことは言わないことです。

科学技術は、子どもたちにゆとりを与え、社会性や倫理観をしっかりともった自立した人格を育て、健康も体力も充分なものであるようにするものでなければなりません。それをつくりだすのが、次の世代への私たちの責任ではないでしょうか。教育の専門家による充分な検討のうえで出された考え方でしょうが、ここには、社会の価値観を根本から変えようという姿勢はありません。なんともはがゆいものです。

いじめの源泉

たとえば、いじめの対処について、「いじめは絶対に許さないという毅然とした姿勢の確立」という考えが基本にあります。ここには、これまで何度も述べてきた、工業製品づくりと同じ雰囲気が漂っています。現在のいじめは、非常に複雑な構造になっています。強い者が弱い者をいじめるというような簡単な話ではありませんし、いじめる側にも深い心の傷がある例がたくさん報告されています。生きもの一つひとつが、厳しい条件のもとで懸命に生きていこうとすれば、そこには、相手を傷つけなければならない場面も出てきます。それは、人間以外の世界でもしばしば見られます。悩みも苦しみもいじめもある中で、より巧みに生きていく術を獲得してきたのが、現存の生きものたちです。

やかまし村の子どもが学校からの帰り道に出会う靴屋のおじさんは、優しくありません。子どもたちが道草をしては、迷惑をかけているからです。もちろん子どもには少しも悪気などなく、ただ思いっきり遊んでいるだけなのですが、おとなから見れば気に入らないことだらけです。「やかまし村の子どもらは、まっぴらごめんだ」。おじさんの口癖です。でも、そう言いながら、岩の船で難破して助けを求めている子どもたちを助けてくれたりもするのです。ところが、そういうときに限って、子どもたちは本当は助けてほしくなんかないのにです。よく起きるすれ違いです。子ども同士の間でだってしばしば、いがみ合いがあります。

現在の「いじめ」はそんなものとは質が違うと言われるかもしれません。でも、いじめの源泉をたどっていくと、子どもと靴屋のおじさんとのやりとりのように、人間にとかく起こりがちな感情のずれやそこからくる苛立ちの処理のしかたがうまく組みこまれていない毎日が見えてきます。「いじめを絶対に許さない」。これは、量に毒された社会の人間の表現です。いじめの一つひとつの原因を探れば、そこには人間らしさが見えてくることがしばしばなのではないでしょうか。それに一つひとつ対処する。そのゆとりが必要なのです。すべてをまとめて、絶対に許さないという答えを出す方法を私は思いつきませんし、その方向からの解決はあり得ないと思います。

そのためにはどうするか。二〇世紀が追求してきたタイプの「科学技術」とそれがつくる時代を考え直す以外ありません。新しい科学技術への方向は、今生まれつつある——少なくとも私はそれを求めて仕事をしている——と思います。そのような社会づくりは、どうしたらできるか。それは、最後にまとめたいと思います。

それにしても、ここで改めて思い出すのが、ラッセへの先生の言葉です。「あなたはまだ学校適齢期じゃないわね。学校へくる前にもう少し遊んでおく必要があるのよ。来年になったらまたいらっしゃい」。この言葉のもつ深い意味を考え、それをまとめていけば、一冊の本になりそうです。

「水の精を見にいきました」——ふしぎを考える

ヴァイオリンを弾く妖精

森の奥の水車小屋の粉ひきユーハンは、おとなとはあまり話をしないのに、子どもが行くと休みなしにしゃべりまくります。ユーハンによると、水車小屋には、小人がひとり住んでいるのです。ふだんはとても親切で、水車小屋の中を掃除したり整理したりしてくれるのですが、ときどきいたずらをします。石臼をおさえて回らないようにしたり、袋の中の粉をぶちまけたり。

森の中には妖精たちがいます。夜になると空地で踊ったり、ときには、森中に響く笑い声も聞こえます。

あるときユーハンが、水の精を見たと話してくれました。子どもたちは、ユーハンは本当に運がいいと思っています。水車小屋のすぐ下手にある水の中の岩に座って、実にきれいな音でヴァイオリンを弾いていたと言うのです。でも昼間は、岩の上にはだれもいません。やかまし村へ帰る道すじで、ラッセが言います。「今夜、ぼくは水車小屋へ出かけて水の精を見るつもりだよ」。それから何が起こったか……。

私の子どもたちが小さかったころ、わが家にも小人がいました。最初に現れたのは、お風呂場でした。「あっ、ハロッポさんがいる」。長女が大きな声で言って以来、だいぶ長い間、あちらこちらに出没したものです。いついなくなったのか、記憶にさだかではありませんが、いつの間にか消えてしまいました。

魔術と科学

呪術、魔術、魔法。科学とは対極とされるものですが、心理学者は、乳幼児をこのような世界観をもつ者と位置づけています。そして、一説では六歳くらいまでに、この世界から合理的世界へ移行すると言います。別の言葉を使うなら、科学的思考のできる存在になるというわけです。発達・成長と魔術から科学へ、非合理から合理への道とが重なっているのです。これは、S・フロイトやJ・ピアジェなど、人間の精神・心というなんともわかりにくいものをなんとか科学的に理解しようとした精神医学者や心理学者の努力の中で語られてきました。その背景には、魔術的思考、ある場合には宗教的支配から抜け出して科学技術文明をつくりだそうとしていた時代の動きがありました。けれども今、私たちは、この流れですっきりと割りきって考えることのできない時代の中にいます。

まず、六歳あたりを過ぎてしだいにおとなになったら、すべて科学的思考になれるかといえば、そうでないことはだれもがわかっています。生命科学の研究所建設のとき、近くの神主さんにお祓いをしていただく地鎮祭に、私も参列しました。慣習といえば慣習、まあやっておいたほうが無難という程度のことさと言われるかもしれませんが、建築に携わる人に怪我のないようにと思うとき、神事は心の中で充分意味をもっています。

このように、古くからのものが残っている。それだけでなく、科学技術文明が進んできた結果、一九世紀よりも、むしろ現代のほうが、魔術的なものへの関心は高まっているようにさえ思います。少なくとも、私の世代よりも、子どもたちの世代のほうが、はるかにそれらに強い関心をもっているような気がします。

この流れには、二つの意味があるようです。一つは、人間の本来の姿として呪術的指向があり、一九世紀以降なんとか無理をして科学、科学と言ってきたけれど、それは不可能だったという見方です。神様から独立し、魔術も捨て、理性に支えられた人間を信頼して生きていこうという決意——これを村上陽一郎さんは「聖俗革命」と言っていますが、その革命は願望であって、実際には成功してはいないという見方です。

もう一つ、一度はすっきりと「聖俗革命」が起きて、人間は理性を謳歌したという見方もできます。その結果、科学的理解が急速に進み、それが行きつくところまできたために、さらにその次への移行をしようとしているのが今であり、そのために迷い、悩んでいるのだという見方です。

たとえば、物理学では、合理的な分析を徹底的に進め、素粒子の究極であるクォークまでとらえました。科学としては、ここで、物質界はすべてわかったということになるはずでした。けれども、物理学者はそうは言っていません。その先に、ではこの宇宙とは何なのだろう。いつ、どのようにして始まったのだろう。そもそも宇宙には始まりや終りがあるのだろうかという問いが出てきたのです。問いは果てしなく続きます。というより、問いは最初に戻ったような気さえします。

そして、このような問いへの答えを求めるのは、これまでの科学と同じ方法なのかどうかというところまで戻って考えなければならなくなりました。つまり、科学そのものが変容しつつあり、もう一度、「ふしぎ」というところから出発し直すところにきているのです。そういう意味で、魔術との境目も、また新しく考え直すことになったのではないでしょうか。そのような状況を、研究者は、「複雑系の科学」と言って新しい学問をつくろうとしています。もう一度素直にふしぎに向きあおうとしているのです。

それは決して、魔術の世界へ戻るということではありません。科学を、還元・分析という方法で絶対の真理が明らかになると信じている知である、と思いこむのは止めようということです。宇宙・地球・生きもの・人間などという複雑なもの、でも身近なもの、そして私たちが本当に知りたいものの本質を知ろうとするなら、もう一度、子どものような気持ちに戻って考えなければなりません。これらを知るにはどのような方法がよいのか。還元・分析だけではすまないことは明らかなのですが、まだよい方法が見つからずに模索中です。このように科学の世界が変わりつつあるのに、社会全体としては、古い型の科学信仰が相変わらず根強く、子どもの教育はその考え方で行なわれているというのでは困ります。

子どもと魔術

とくに、本来、魔術の時代とよんでもよい幼児時代に、その世界を充分楽しまないうちに、「お勉強」が始められてしまい、そこで、科学的思考、つまり合理的思考を求めるのは、はたしてよいことなのでしょうか。

1＋2＝3、5－2＝3。長女が三歳になるとき、産院から知能テストをするので連れてくるように言われました。知能テストと言われても、何をされるのか全然わかりません。そこで、数がわかっている必要があるかしらと思って、「お皿の上に五つ飴があったのに、三つになってしまいました。いくつなくなったでしょう」と聞きました。実は、こんなテストではないことは実際にテストを受けてみてわかりましたが、それはそれとして、長女はすぐにこう言ったのです。「その飴、だれが食べたの？」思いもしなかった答えにびっくりしましたが、5から2を引くという抽象的なことより、お皿の上の飴をだれが食べるかという具体的なことのほうがはるかに大事なんだとよーくわかり、すぐに練習は終えました。

最近は、三歳での教育はあたりまえ、小人たちと遊んでいる時間は無駄とされ、早々と合理的思考のほうへもっていかれています。しかも、ここで私が最も問題だと思うのは、思考の過程ではなく、答えを求められるということです。できるだけ早く、正解を出すことが最も重要とされるのです。これは実は、科学の本質ではないのですが、「科学とは必ず正解があるものであり、できるだけ早くそこに到達することを最大の目的としている」と誤解され、そのためのお勉強が流行しています。

科学がつねに正しい答えを出せるとは限りませんし、大切なのは、考えるという過程です。ましてや、これが正解だと教えられたことを、そのまま鵜呑みにしてしまうのは、まったく科学とは言えません。そのような誤った思考法を教えられて子ども時代を過ごし、科学こそ現代の知だと信じこんだ若者は、ときにとんでもない道に踏みこんでしまうことを示した例がオウム真理教事件なのではないでしょうか。若者として、自分は何のために生きているのかという問いをもつのは当然ですが、そこで、これにも正解があり、それはだれかが与えてくれるものだと思い、しかも、早く答えが得られなければ不安になる若い人が増えているように思います。まじめに、現代の教育を受ければ受けるほどそうなるのかもしれません。

前述したように、科学技術の力で、私たちは胎児のもつ能力を知るようになりました。赤ちゃんは受け身で生きていると思いこんできたおとなたちにとっては、胎児の時期からすでに音を聴き、味覚をもち、気分がよければ活発に動き、不快ならそれを示すという証拠を見せられて驚いているわけです。そこで何が始まるか。こんなに能力があるのなら「教育効果」があるはずだという考えから、幼児教育、ゼロ歳児教育と年齢が下ってきた早期教育の波が、胎児教育にまでいたっています。それを真剣に考えている人たちが、善意であり、まじめであればあるほどおかしな教育になりそうな気配が感じられます。私は、教育の専門家ではありませんが、生きものを見ている立場から、これは違うという気がしてなりません。

赤ちゃんがすばらしい能力をもっていることは確かです。ということは、その能力を発揮しようとしているということであり、その時期にはその時期にふさわしい発信をしているはずです。ここでおとながしなければならないことは、それに的確に応えることでしょう。先にこちらから何かを与えてしまうのは違うのではないでしょうか。第一、その時期にもっともふさわしいものは何かがよくわかっていないのですから、そこで与えるものが適切かどうかはだれにもわかりません。往々にして、本来はそれより後に与えるべきものを、前倒しで送りこむことになります。

これは、本来その時期に必要なことを失わせる危険性が高く、それがその後の一生に影響を与える危険性もあるわけです。しかも、この前倒しはどんどん早まり、ボタンをポンと押すとなんでも出てくる状況はますますエスカレートしています。生きものとしては、自分のほうからのはたらきかけをする機会がいつになったら出てくるのかと待っていても、現状では一生その状態で終わり、自らの生き方をする時間はなくなるということにもなりかねません。

乳幼児期を魔術の時代と考え、そこから抜け出すことが成長であるとした一九世紀の心理学を基盤に書かれた育児書『魔術の年齢』を紹介している心理カウンセラー高辻玲子さんは、こんなふうに言っています。

「魔術の時代というのは、単に科学に対する魔術、非合理性という意味だけではない。小さい子どもは、自分が魔術師であると思っているところがある。お腹がすいたな、オッパイが欲しいなと思えば与えられる。おしめが濡れて気持ちが悪いと泣けばサッパリとしてくれる。ここで、赤ちゃんのはたらきかけに対して適切な応答があれば、赤ちゃんは自分の魔術が有効であったと知り、自信を深めていく。こうして、世界に対して、また自分自身に対しての自信ができあがっていく。こうして、積極的生き方のできる人が育っていく。魔術師時代の幸せな思い出を持った子どもは、どんなときにも希望を失わずに生きていくだろう」。

乳幼児の魔法がうまく効くには、おとなが子どもの立場に立って考える能力をもっていなければなりません。早期教育はおとなの側の発想です。最近の少子社会では、親もほとんどが新米です。そのうえ、乳幼児時代のことは、きちんとした記憶には残りません。家族からあれこれ教えられ、覚えているつもりになることはよくありますが。ですから、手探りで子どもが何を求めているかを探っていかなければなりません。たいへんですけれど、これほど人間の本質を探るよい機会はないとも言えます。

急いで語学教育テープを流すよりも、自分で赤ちゃんをよく観察しながら発見をしていくこと……本当はこれこそ「科学」とよぶにふさわしい行為です。科学技術時代の子どもとは、機械に囲まれて、スイッチを押して情報を次から次へと取りいれているものとみなして、その問題点や利点を云々する前に、おとな自らが、観察者、発見者になってほしいと思います。それが本当の科学を生かす道になるはずです。科学という知を人間のものとして育てていきたいと思っている者としては、それがいちばんの願いです。

ラッセが学校へ初めて行ったとき、その様子を見て、「あなたはもう少し遊ぶ必要があるようね。それを充分にすませてから来年いらっしゃい」と言った先生のすばらしさ。個性を生かしましょう、多様性を大事にしましょうと謳ってはいても、今の日本の社会では、この言葉は決して言われることはないでしょう。

科学技術時代は、ふしぎの世界をゼロにするのが正しいとしてきました。それは子どもから子ども時代を奪ったとも言えます。しかし今や科学が変化して、再びふしぎの世界にとびこんでいるのですから、本当の科学者は、子ども時代のふしぎ感覚を心の中に残している人がもっともふさわしいというふうに変わりつつあります。人間ってなんだろう、自然とは何か。これに真正面から取り組み、新しい科学技術時代をつくっていく人が求められているのです。

子ども時代を魔術の時代と位置づけた心理学は、そこから抜け出すことが成長であり、早く抜け出すことが望ましいという価値観をもっていたように思います。けれども、むしろ、合理的思考を学びとりながら、おそらく人間の本質であろう魔術的思考をも上手に並存させていくことが成長と言えるのではないでしょうか。このシリーズの企画者のお一人である谷川俊太郎さんがこの本に寄せてくださった詩に、私はそれを感じとりました。

えだをひろげるきのしたに
よるのこどもがひとりたってる
ぎもんふのかたちして
こたえをしりたいんじゃない
あんしんしたいだけ
ほしがちくちくするから

こたえへとつづくみちを
ひるのこどもがスキップしていく
かんたんふのかたちして
きらきらとすうじがちらばる
ぽろぽろともじがこぼれる
まぶしいはだかのこころから

大事なのはぎもんふ（?）とかんたんふ（!）です。おとなと子どもの関係を考えることは、詩人と科学者の関係を考えることでもあり、みんなでよく生きていこうよということなのだと思います。最後に一つつけ加えます。粉ひき小屋のユーハンは、もしかしたら、おとなになりきれなかった人かもしれないと思います。作者はそうは書いていませんが、そのような人もみごとに組みこんで生きていく社会、やかまし村の背景にはそんな社会があったのだろうという気がします。

「おじいさんは八〇歳になりました」――老人と子ども

おじいさんの誕生日

おじいさんが八〇歳になった日のことです。みんなは早起きしておじいさんの部屋に集まりました。一日中、手紙や花や電報が届きます。おじさんは、「わたしのようにりっぱな父を持ったものはありません」と演説をし、子どもたちは合唱をします。目の不自由なおじいさんのために、手紙や電報を読んであげた子どもたちは、いつものように新聞も読んであげます。すると新聞に、「やかまし村、北屋敷に住む、さきの自作農アンデルス・ユーハン・アンデルソン氏は、一〇月一八日に八〇歳の誕生日をむかえる」という記事がありました。おじいさんは大満足です。でも他の新聞記事は、悲しいことだらけで、戦争になるとばかり書いてあったのです。

おじいさんは、誕生日でなくとも、子どもたちと仲よしです。毎日、新聞を読んであげる。一方、おじいさんから聞く昔話は、子どもたちの楽しみです。

老人と子どもはつながっている

子どもとお年寄りのつながりのある家庭や地域には、魅力のあるイメージがあります。おそらく、私たちがおのずと生きものとして続いていくことの重要性を意識しているからでしょう。人間以外の生物では、これほど明確なつながりを感じさせる行動は見られません。親子でさえはっきりしない場合が少なくありませんし、餌を運んで育てる鳥や乳を飲ませる哺乳類でさえ、一人立ちしたあとは親子が行動をともにはしません。ましてや三世代が関係をもつことはほとんどありません。そもそも、子どもという概念は人間特有のものと考えたほうがよいと、前にも書きました。生きものとして続いていくだけであれば、おじいさんは無関係ですが、人間としての文化をつないでいくには、とても大事な存在です。

科学技術社会は、都市化、効率化をよしとしたために、社会的弱者という概念を生みだしました。テキパキと行動できない人、一定時間内に決められた量の決められた仕事をこなせない人は評価されないという価値判断です。その人がこれまでにどれだけの知恵を身につけてきたか、どれだけ周囲の人たちに貢献してきたかという経緯は関係なく、現在の効率での判断です。

その判断からすると、老人、病人、心身障害者……そして、子どもも弱者です。何をもって仕事と見るかによっては、女性も弱者にされるのが科学技術社会の価値観です。もちろん人間は、優しさをもっており、どんなに効率一辺倒の中でも、競争社会であっても、弱者への目を失いはしません。とくに現在の日本は、子どもの出生数が減少し、高齢者の割合が急速に増加していますから、福祉の重要性が指摘されています。弱者が快く暮らせる社会づくりをめざした活動も少しずつ動きはじめています。それは評価できますが、ここでも基本的な価値観、つまり効率的なものがよいのであり、そうでないものは弱者としか言えないという考え方は変わっていないのが気になります。

生きものとしての人間を見ると、だれもが、あるときは赤ちゃんであり、あるときは子どもです。そして、必ず老人になります。また、一生の間に病気にならない人などいないでしょう。実は、子どもがいて、おとながいるのではなく、私たちはだれもがあるとき子どもであり、あるときおとなであるだけなのです。ですから、効率で測る今の価値観を認めたとしても、弱者とよぶべき存在があるのではなく、人間は、どこかで弱い状態になるものなのです。一人の人間の一生を考えるなら、これがあたりまえなのです。科学技術の進歩によって、世の中が変わり、コンピューターを友人のようにして暮らす子どもたちがいるからといって、それを特別のことのように見て、おとなと子どもを分けてしまうと、子どもとおとなのつながりが消えてしまいます。それは、一人の人間の連続性を否定することにもなります。

科学技術社会は、年齢の違うもの、性質の異なるものはできるだけ分けるという方向に進んできました。病院も、産科、小児科、内科、老人科と分かれています。一人の人をずーっと見てくださるお医者様は少なくなりました。しかし、それぞれの人の一生を考えるなら、分けるよりも全体を見るほうが自然であり、老人と子どもとが緊密につながっている社会には強さがあります。子どもは弱いものとして過剰に保護し、老人も弱い者として福祉の対象にするのではなく、両者がもっているポテンシャルがお互いを補いあい、お互いにプラスになることに気づけば、そのほうが暮らしやすい社会になるはずです。

人生の終りに近い人、つまり長い時間をかけて知恵をたくさんに積んできた年輩者と、これから育っていく無限に近い可能性をもつ子どもとの交流は大切です。そこには「情報」という言葉ではつつみきれない交流があり、そこから生みだされるものには豊かさがあります。人間社会のもつ大事なものを伝えるためには人と人のつながりはとても大事です。しかもそれは、人間一人ひとりを強くし、社会を強くします。とくに今、情報技術が急速に進み、子どもたちはコンピューターが扱えるのに、おじいさんたちは、キーボードにとまどっているので、お互い話が合わないと決めつけられがちです。

しかし、コンピューターは、キーボードの操作ができても、その背後に、人間にとって意味のある知識や知恵が存在していなければ、なんの価値もありません。今、子どもたちは、確かに上手にコンピューターを操ってゲームを楽しんでいます。インターネットだってスイスイとこなします。けれども、大事なのは、インターネットでお互いに交換される内容であり、それがどんなレベルにあるかで社会のレベルが決まります。人類は、長い歴史の中でたくさんの知を蓄積してきました。それらを吸収せずに、子どもの間だけで情報をやりとりしていてもしかたがありません。孫をかわいいと思わないお年寄りに会ったことがありません。私がその年齢に近づいてきたからでしょう。孫の話をよく聞かされますが、この人が……と思うような人がメロメロです。小説家の北杜夫さんや佐藤愛子さんに象徴されるように。

孫のほうが子ども以上に、次の時代への連続性を強く意識すると、どの方もおっしゃるのにはなにか意味があるのでしょう。一人の人間が、いつまでも生きることはありません。限られた時間の中でいかに自分らしく生きるか。それが生き方の基本ですが、それだけではどこか物足りないものがあります。やはり、なにかの形で自分が次の世代へとつながっていくという実感をもちたいわけです。

ＤＮＡを渡すだけでなく、文化的なものも伝えていきたいと思われませんか。やかまし村では、それがみごとに実現しています。子どもたちは、おじいさんが大好きで尊敬していると同時に、新聞を読んであげるなど、手助けをして喜んでもらうことを自分たちの喜びにしています。科学技術は、都市に核家族化を進めて、年寄りと子どもを引き離しました。しかも、子どもには、おじいさんの知らない新しい遊びがたくさんあって、古くさい年寄りから学ぶものはないかのように思われがちです。これは社会を弱くします。

また私事ですが、わが家の場合、子どもたちは祖父母と一つの敷地の中に暮らし、祖父の死後は、祖母と一緒に食事もすることになりました。あるとき学校で好きな食べもの調査があり、クラスメートのほとんどが、カレーライス、スパゲッティ、ハンバーグなど、いかにも現代の子どもらしい解答を出した中で、息子は「ブリと大根のあら煮、サンマの塩焼き」と答えて先生を驚かせました。最近は、日本食が見直され、とくに青い魚の評価が高まっていますが、当時は、サンマやブリは敬遠されていました。あら煮が得意な祖母と一緒でなければ、食事はハンバーグが多くなっていただろうと思います。

食習慣は幼年期につくられると言います。カレーやハンバーグは悪くありません。新しい味を取りいれて食生活を豊かにすることは重要です。しかし、新しいタイプの味は、ファスト・フード店、コンビニなど、外食の味につながっていく傾向が強いように思います。ハンバーガーやピザに直接先端的科学技術は使われてはいませんが、外食が増える、また人々がそれを支持するという社会を可能にしているのは、科学技術と科学技術的思考です。なにもここで、母親は毎日手づくりのお弁当を持たせ、伝統的な日本料理で夕飯を用意すべきだなどというつもりはありません。けれども、食は日常であると同時に、根の深い文化であり、多様性や継承を重視する生物学の世界にいる人間としては、食があまりにも均一化することは、社会の体質を弱くすると危惧するのです。

そんな気持ちを察してか、肉じゃがや里芋の煮つけなどの缶詰を開発した友人が、自慢の製品を送ってくれました。なかなか手のこんだよい味で文句をつけるところはないのですが……。このようなテーマには、絶対にこれでなければならないという解答はないわけで、あれこれ考えたあげく、わからないとなってしまいそうです。しかし少なくとも、食の伝承はあってほしいことですし、老人と子どもの接触が両者にとってプラスであることは確かです。

八〇代の方の投書にこうありました。「のんびりと一人暮しをしている中で、最近始まった週一回の近くの保育園からの昼食のお招きがとても楽しみです。園児たちが元気に迎えてくれるのもうれしいのですが、用意される食事の量がちょうどよい。収穫祭など行事のときにも呼んでもらい、一人で単調な暮しにとてもよい刺激ができました」。ここでなるほどと思ったのは、食事の量がちょうどよいというところです。確かに、生きものの世界は一直線ではなく輪を描いて進むところがあり、一つの個体の終りには、ある種の回帰があります。味覚は、甘味から始まり、渋味、苦味などという複雑な味覚を楽しむようになりますが、最後まで残るのは、甘味だと言われます。老人と保育園児がともに食事を楽しむというのは、生物学から見てもなかなか合理的（もっとも、他の生きものには、このような可能性はないわけですが）なのだと気づきました。やはり子どもと老人はつながっているようです。

消えてしまった「子どもと老人」

科学技術時代が抱える少子化、高齢化という問題に社会的関心は高まっていますが、そこに子どもとお年寄りがつながっているという感覚は見えません。これは、これまでくどいほどくり返してきたこの時代の価値観、その中での子どもの位置づけと関係があると思われます。

少子化、高齢化と口にしながら、問題の本質がよく見えないのは、科学技術社会を支えている考え方は、本質的に、子どもに……そしてそれは子どもとある意味ではつながっている老人に目を向けていないからです。高齢化と少子化が問題になり、老人も子どもも表舞台に立たされているかのように見えます。けれどもそこでの問題意識は、決して老人としての老人、子どもとしての子どもを尊重しているわけではありません。少子社会では、一見子どもは大切にされているかのようです。「六つの財布」、つまり両親に、それぞれの親の両親（子どもにとっては祖父母）、合わせて六人が、一人の子どもにサービスをしていると言われます。けれどもそれが、本当に子どもが子どもとして生きることを大切にしていることになるかと問われれば、多くの人が、そうではないと思われるでしょう。

科学技術社会の価値観は、子どもと老人を存在させにくくしています。それは、大きく、次の三つの面に整理できます。

まず、何度も何度もくり返しましたが、科学技術社会は、効率を旨とします。そこで、社会の中心になるのは、働きざかりの男性ということになるのは必定です。その間尺に合わない存在、つまり、子ども、老人、女性、身障者、病人は、「弱者」と一まとめにされるわけです。その人々がどれほどの能力をもち、社会にとって大事な役割をもち得る存在であるかという見方はあまりされません。

　やかまし村に象徴される、しばらく前の農村では、子どもは子どもなりに役割をもっていました。女性がどれだけ重要な仕事をしていたか……農作業、家事、育児、地域社会のつき合いなどなど、あらゆる場面が女性なしでは成立し得ないものでした。老人は、経験を積んだものとして尊敬されていました。けれども、新しい技術が次々と生まれる世の中では、年をとると、経験を評価されるよりは、新しいものに疎くなるという面を強調されます。子どもも、最終的にどこの会社の一員になれるかによって価値が決まると教えられ、そこに向かって進みます。

　私が小学生のころには、頭の中に「大学」や「会社」という言葉はありませんでした。もちろん、父は会社に通っていましたし、六歳年上の兄は、大学をめざして勉強していましたから、そういうものがあることはわかっていましたが、自分とは縁のないものでした。子どもの世界にどっぷりつかって暮らしていました。おとなになるための存在としてあるのではなく自分を生きることができたように思います。まさに、「今ここに生きる子ども」として。そこには、急いでなにかをしなければならないという感覚は、ほとんどありませんでした。もちろん、次の段階に進むことは考えなければなりませんでしたし、試験を含めそのための通過儀礼はありましたけれど。

近代社会は、子どもを発見したと言われていますが、その中で科学技術社会が確立してくるにつれて、「子ども、子ども」と、あたかも子どもを尊重しているように見えながら実は、子どもという存在をおとなへの準備期間という、つまらない位置に押しやってしまったのではないかと思えてしかたがありません。まだ子どもを発見していなかった時代のおとなたちは、子どもの本質を見ることができず、子どもをおとなの小型として扱いました。でもそれよりも、子どもの本質はわかっていないながら、それを無視せざるを得ない社会をつくっているほうが、問題ははるかに大きいと言わなければなりません。

第二は、時間の流れについての意識です。生きものの世界では、時間は円を描いています。もちろん、その円は閉じているのではなく、らせんを描いて動いているイメージです。こうして、生きものの世界は連続性を保ちながら、大きく変化していくという性質をもったわけです。生物学の言葉では、進化と発生とよぶ過程が、生きものの本質です。前者は英語ではEVOLUTION、後者はDEVELOPMENTと言いますが、ともに内に抱く可能性を展開しながら新しいものを生み出していくという意味をもつ言葉です。あるものは消え、あるものは生まれ、という形でつながっていく様子を表現しています。

子どもは、これから展開していく大きな可能性をもって生まれ、老人は、思う存分展開したものを次に伝えて消えていく。しかし、生きものはそこで終わるのではなく、必ずまた、その素材がどこかで新しい生命体として新しい可能性を試すことになります。そこには、多くの不確定要素があり、だからこそたくさんの可能性があるわけです。引用してきたフレイバーグの「魔術の年齢」という表現に、子どもがもつ可能性を評価するという意味をこめなければ、子どもが子どもである意味はなくなってしまいます。近代社会は、進歩という一直線の時間が流れる線上での一つの価値観で考えますから、円環をつなげていく子どもや老人を重視しなくなるのです。

聖なるもの

さらに、合理性を基本とする社会、聖俗革命を終えた社会では、聖なるものは尊重されません。このような革命が起きたのは、もちろん、キリスト教社会であり、そこで科学という合理性を旨とする知が力を得ました。日本では、そのような形での聖俗革命が起きたわけではありませんが、その影響は受けました。影響を受けたというより、積極的に科学を移入し積極的にその影響下に入りました。しかも、主として科学技術文明をつくりあげることを目的とし、その具体的な形は、富国強兵だったわけです。

西洋に学べ、そして追いつけ。そのためには、日本社会の伝統の中には否定すべきものがたくさんありました。日常語として、「迷信」という言葉がしばしば使われました。それは、合理性をよしとする考えを反映した言葉であり、唯一信じるのは人間の理性となったのです。ここで、理性が生みだした「科学」を、唯一絶対の真理としてしまいます。これでは、「科学教」です。決して科学は「教」ではないのに、「教」であるかのごとくに扱われてしまいました。ここに、現代科学技術文明の根本的誤りがあり、その中で育つ子どもは多くの問題に向きあいながら育つことになります。

科学技術時代の子どもというテーマを与えられたときに、どこへ行くにも自動車に乗り、コンピューターにどっぷりつかり、自然と接する機会が少ないという課題から入らなかったのは、自動車やコンピューターという個別の道具に問題があるのではないからです。自然は、どんな都会の中にもありますし、子どもには、どんな時代に生きようとも、生きものの長い長い歴史の中で積み上げられてきた可能性が入っています。自動車やコンピューターは、その可能性をより大きく伸ばす道具として使うことができるもののはずです。しかし、現在の自動車やテレビやコンピューターの作り方、使われ方は、決して、子どもの可能性を思いきり伸ばすようにはなってはいません。それは、ひとえに、この社会がよしとしてきた考え方のゆえであり、それこそが問題なのです。これについての私見は最後に述べるとして、ここでは、子どもを考えるにあたっての切り口としての「聖と俗」についてもう少し考えます。

子どもは聖に近いために科学技術文明の世界では無視されがちでした。

それと関連して気になっているのは、世の中から聖職が消えたということです。その原因は、科学技術文明だけでなく、さまざまな要因がからんでのことですが、現実にこの社会の中での子ども（それといつも対になって老人がいるわけですが）を考えるとき、聖職について考えてしまいます。神様や仏様に仕える人、医師、教師。この三つの職業は、その仕事が、報酬に換算できる類いのものではないとされてきました。

労働として見るのではなく、自分にとってありがたいことをしてくださるので、感謝の気持ちの表現として「志」を出す。同じことを同じ時間かけてしてもらっても、志は違ってよかったわけです。それは、感謝の気持ちの違いではなく、経済状態によって違ってきます。それは逆の面から言うと、聖職とされる人々は、すべての人に同じように接するということです。そのような精神がある人でなければできない仕事だということでしょう。

つまり、仕事の中に、ボランタリィなところが多く含まれているのです。もちろん、医師や教師の収入が低くてよいなどと言っているのではありません。また、この期に及んで「志」を復活させようなどと言うつもりもありません。学校の先生という、子どもにとって非常に重要な意味をもつ職業から「聖」をまったくはずしてしまい、親が「先生」という言葉に、尊敬の意味をこめて使わない状態に疑問をもっているのです。ここで大反論があるでしょう。先生を特別視し、アンタッチャブルな存在にしてしまうことの危険、現在の先生にそれだけのことが期待できるかという不安。そうです。なにも、先生様を権威づけてハイハイと従おうと言っているのではありません。でも、医師、教師から聖性をすべてはぎとってしまうのは、この仕事の本質を消すことになる。適切な聖性のある状態を上手につくりだせないだろうかと考えるのです。

とくに、近年の若い人たちのカルトの世界への関心の強さは身近に聖性がない日常への反動にも見えます。オウム真理教に象徴されるように、科学的であるとは外から答えを与えられることとされている現状の歪みを見抜けないまま技術が進んでいくと、合理で割りきれるはずのない自然や人間を割りきろうとするところまで行きそうで恐さを感じます。

そこで、誤解されるかもしれないと懸念しながらも、人間に直接関わりあう、しかも子どもや老人、病人や障害者など、現代社会では弱者とされてしまうもののもつ価値に直接関わりあう仕事を聖職としてきた先人の判断に意味を感じるわけです。

子どもと老人は、ともに、異なる世界と現実の世界とをつなぐところにいる存在であり、ある種の聖性をもつものとして長い間位置づけられてきました。これは、現代科学技術社会には相性が悪い……放っておけば消される存在です。しかし、これを消して、人間はうまく生きていけるのでしょうか。おそらくそうではないでしょう。子どもと老人が、それぞれ子どもらしく、また老人らしく生きられるようにすること、それには、子どもと老人とが近くにいることが大事だと考えます。

4　私の仲間としての子どもたち

やかまし村の子どもたちの暮しをともに楽しみながら、現代の子どものこと——それは結局おとなのことになってしまったのですが——を考えてきました。そこにはたくさんの問題があります。いじめ、不登校、校内や家庭内暴力、援助交際などなど、毎日のように新聞・テレビで報じられるこれらの問題の解決への努力は不可欠です。

ところが、正直に白状すると、私の心の中には、問題を抱えこんだ子どもたちの姿と重なって、私の子どものころと少しも変わらない子どもがいるのです。とくに、私が日常接している子ども（実際に接するのは大学生が一番多いのですが、彼らも——とくに一、二年生のころは——子どもの面がたくさんあります）との間には、「これからの社会を一緒につくっていこうね」という仲間意識があります。私たちをとりまく科学技術時代には、いろいろ問題があるけれど、それをよく見つめて改善していこうという仲間意識です。

そこで最後に、一般論ではなく、日常接している子どもや若者について語ります。職場である生命誌研究館を訪ねてくれる人たちと、私のほうから出かけていって応援する人たちです。みんな科学や科学技術と直接関わっています。実は、科学技術そのものが子どもたちを痛めつけている姿を描けずにきた理由は、私が実際に接触する若い人たちの中に、新しい方向を感じるからです。それはもちろん、私自身が求めている方向でもあります。

ひとことでまとめるなら、自然の中にある原理をできるだけていねいに見ていこうとしている仲間です。合理性のみですべてを割りきろうという強引な考え方ではなく、自然や人間のあるがままの姿を感じとることが大切であり、総合の知が重要だと考えています。決して科学を否定するのではありません。科学を求めているのですが、今のままの科学では、本当に自然や人間を理解できないと直観しています。最後に、そのような新しい動きを見ていきます。

その一つの例として、私が心から応援しているのが、農業に関心をもっている若い人たちです。現代の子どもたちの置かれた場と比較する相手を考えたときに心に浮かんだのが、「やかまし村の生活」であったことと深く関連しています。二〇世紀の科学技術社会は、都市化、工業化を進めてきました。でも、私たちの生活の基盤は、本来「農」にあります。環境問題が起こるのは、すべてが工業化し、一直線の方向に進むことになったために、製品をどんどん作り、廃棄物をたくさん出すことになったからです。この状態が長く続くわけがありません。

時間が回っているだけでなく、物質も回っているのが生物の世界です。やかまし村と同じレベルの技術に戻ることはあり得ませんし、その必要はありませんが、大切なのは、科学技術の本質は一直線に進む工業型よりも、回る農業型だという認識です。それなのに、現代科学技術は、その強力な価値観と力で、農業をさえ工業型にしています。そうではない姿の農業がどこかにないか。そんなとき接したのが、農業高校の生徒たちでした。

農業高校の中に、産業、教育、環境という、子どもについて考えるにあたって、今見直す必要のあるテーマがあると感じました。ところが、現在の社会の価値観では、農業高校は決して高く評価されません。偏差値という一つの数字で子どもを並べ、入試という選抜でしか人間を見ないのですから。その中では、農業高校も含めて職業高校は、ときに進学校へ行けなかった子どもの集団とされてしまいます。けれども、世間の評価はどうあれ、その中で行なわれていることをよく見れば、なんと大きな可能性がここにはあるのだろうと実感します。

農業高校に関心をもつようになったきっかけは、農業クラブの存在を知ったことでした。これは、第二次大戦後、教育にアメリカのシステムを取りいれた一例です。アメリカの農業地帯を中心に作られた4Hクラブを、日本でも実施するようにとの勧めがありました。そこで、単なる同好会とは違って、学校の正式な活動とする自主的な研究や技術研鑽活動をする組織、農業クラブができたのです。このクラブに所属するかどうかは生徒の意志であり強制されるものではないのですが、ほとんどの生徒が参加しています。農業クラブの年一回の集まりがおもしろい。ニワトリのヒナの鑑別、測量技術などなど、農業に必要な技術のコンクールや研究発表があります。もう一〇年近く前になりますが、それを聞いたことで私がこの世界にはまることになった発表を紹介しましょう。

ヒツジを飼ってその毛を刈り取り、糸に紡いで草木で染め、織物にする。いわゆるホームスパンです。これを続けてきた村での話です。今や既製品を買うほうが安いしカッコイイ時代です。ホームスパンはどんどんすたれて、織機は一台。実際にそれを動かす人も、おばあさん一人になってしまいました。その方が亡くなったら村に続いた織物は消えてしまいます。そこへ乗り出したのが農業高校の女生徒です。おばあさんの所へ通って、ヒツジを飼うところから教えてもらいました。草木染めのところでおばあさんが嘆きました。「赤い糸があると、もっと明るい布ができるんだけどねえ。赤くは染まらんから」と。

そこで赤を求めての高校生の挑戦が始まりました。答えはおもしろいところにありました。村で長い間行なわれてきた方法では、媒染剤として木の灰を使っていたのですが、高校生は市販の化学的な媒染剤をいろいろ試しました。すると、きれいな赤が出ました。高校生はもちろん、おばあさんの喜んだこと。私もその場に同席していたような気分で報告を聞きました。この話が私にとってとても魅力的だったのは、もちろん、若い人たちが、自分の住む村の生活に関心をもち、消えようとしているものを受け継ごうとしたということそのものが、まさに生きものである人間にとって大事な「つながり」を見せてくれたからです。

けれどもそれだけではありません。彼女たちは、単に同じものを受け継いだのではなく、そこに新しいものを加えました。このつながり方が、まさに生きものとして見たときに、とても本質的なことなのです。まったく同じものがつながっていたのでは、生命力とでもよぶべき力強さは出てきません。新しいものが次々と加わっていくことが不可欠です。それを若い人たちが肩肘張らずに楽しみながらやっている姿が、なんともみごとでした。しかも、彼女たちが新しくつけ加えたことは、「科学」によって支えられていました。そこで使われたのは、最先端の華やかな知識ではありませんが、化学が生んだものであり、化学の本質を知ってこそ使いこなせるものです。

現代の科学技術に振り回されている子どもの姿を描き出すのはあまり建設的とは思えません。現代の科学技術は、人間にとって悪影響だけを与えているわけではないのはもちろんですが、だからといって、コンピューターを使いこなしインターネットの中を泳ぎまわりさえすれば未来は明るいかのように言うのも違います。人間の側から、きちんと科学技術を見つめ、その中から、よい生活をつくりだすものを使いこなしていく必要があります。これを私たちおとながやるのはもちろんのこと、子どもにもその感覚をもってほしいというのが私の願いです。

そのような感覚は、自然と密に接していることからしか得られないでしょう。心の中でそう思いながら仕事をしてきたのですが、赤い糸をつくりだした高校生がそれを示してくれました。彼女たちは、農業を学ぶ中で自然との接し方を充分体得していきました。そして、自分の住む地域にあった技術を生かそうと思ったとき、知識として身につけていた科学を役立てることができたのです。知恵と知識の融合です。ささやかな例かもしれませんが、自分たちの体の中から出てきた力です。

やかまし村の子どもたちも、今は、おじいさんやお父さん、お母さんの知恵の枠の中で暮らしています。でも、国道の脇でサクランボのお店をもつサクランボ会社を開いたり、将来は保母さんになろうかと夢を描いているうちに、知識を身につけて本当に暮らしやすい生活に向かっていくでしょう。そんな期待をもって彼らの生活を見てきたのですが、日本の高校生がまさにそれを実行してくれたのですから感激しました。

それ以来、農業高校とは、お付き合いが続いています。訪問すると、成長点培養という新しい技術（バイオテクノロジー）で作った美しいランの鉢や、形は不揃いだけれど、酸味と甘味がみごとに調和したミカンなど、心に残るお土産をいただけるのも農業高校ならではの楽しみです。午後になると、外へ出て体を動かす……一日中黒板に書かれたむずかしい数式や英語を眺めているより、はるかに心身にとってよいことは容易に想像できます。労働・学習・遊びが一体化しているといえます。

もちろん、すべてがきれいごとではありません。本当は普通高校へ行きたかったのにと屈折した気持ちの子もいますし、土いじりなんて好きじゃない子だっています。でも、ウシを育てるために、三六五日学校へ来る生徒には、先生が「ただただ脱帽です」と言っていました。でも本人は、あたりまえという顔をしています。相手が生きものでなければこんなことはできないでしょう（必要もありませんし）。

このような基盤の中に科学技術を取りいれていくことがこれからの産業、生活、社会を支えていく基本でしょう。コンピューターによる作物の管理や栽培施設の温度・湿度などのコントロール、バイオテクノロジーを取りいれた品種改良など、それぞれの設備は決して大がかりではないので、高校でも取りいれることができます。ここで、農業をどのような産業にするのかという考え方や、国や国際機関の政策についても考えることも大切です。子どもは、いつまでも子どもでいるわけではなく、これからの国の方向を決めるのは彼らなのですから。

農業を基本にして新しい科学技術時代をつくるというねらいと重なる活動は、最近の環境教育の中にも見られます。こんな新聞のコラムがありました（『朝日新聞』）。

農業小学校を創る準備が進んでいるというのです。学校法人「草の根学園」が、その初等部を、農作業を授業に取りこんだ学校にしようと計画しているのだそうです。年間一〇〇時間ほど「野良の時間」をつくり、土を耕して種をまき、作物を育てたり、動物を飼育することで、子どもたちに生きることとの実感をもたせようというのがこの学校のねらいです。もちろん、この中から将来農業の専門家が出ることも望まれますが、それを目的にした学校ではありません。

情報化社会と言われ、アフリカのゾウのことも南極のペンギンのことも映像ではよく見て知ってはいても、ウシやニワトリの実物は見たことがない、というのが現代の子どもです。映像は目と耳には訴えますが、触覚、嗅覚、味覚は関与しません。目と耳も、実は、ゾウが自分の目の前に現れたらどれほど大きく圧迫感のあるものかはわからない。実際にヒヨコをニワトりに育てあげたり、野葉を作ったりすることが、自然を知ると同時に、生きものとしての人間の感覚を育てることになるのです。

生活の基本として、遊び・学習・労働が一体化している状態があったころ、その主体は家庭でしたが、現代社会ではそれを家庭に求めることはむずかしくなっています。それならいっそ、学校をそういう場にしてしまったらどうだろう。そう考えたのでしょう。人間を育てるために不可欠なことが欠けてきたのですから、それを手に入れる努力が必要です。ところが、すでに少子化だけでなく、これまでの家庭という単位が本当に社会の単位としてあり続けるかどうかさえあやしくなっているので、家庭にそれを求めるのは無理と考え、いっそ社会の中にそのようなシステムをつくってしまおうとするのは当然です。小学校という早い時期に農作業を行なおうというのも、そのような意味をもつシステムにぴったりです。

でもそれには、特殊な学校として少数創っても効果はありません。すべての小学校に、野良の時間があるのがよい。私の子ども時代は、たまたま第二次大戦の戦中・戦後の食糧難の時期でしたので、同世代の人のほとんどに、土いじりの体験があります。自分の家でやった人、近くの農家へ手伝いに行った人、学校で働いた人。なかには、食べもの作りはしなかったけれど、松の根掘りに忙しかったと語ってくれた友人もいます。軍事用にと松の根から油をとっていたのです。私は体験しなかったので知りませんでしたが、これで飛行機を飛ばすんだと思って一生懸命だったとのことです。

少し社会が落ち着いてきた高校時代には、年に数回でしたが、農場で働く時間がありました。文句を言っているクラスメートもいましたが、私はその時間が大好きでした。ゆとりが少し出てきていましたから、お芋や野菜だけでなく、花づくりもあって、夏の日照りの中で自分の植えたグラジオラスの花が咲いたのを見たときのうれしさなど格別でした。

また話が横道にそれましたが、農業学校の若い人たちとのお付き合いの体験から、新しい科学技術時代をつくりだす試みについて述べました。どこにも科学技術が出てこないではないかと言われそうですが、これからの科学技術は「生物型」になることが求められるのであり、このような体験をした人の中から、先端技術者が生まれてくるはずです。また農業には、バイオテクノロジーはもちろんコンピューターを含むさまざまな技術が使われるので、ここに新しい科学技術の時代への芽が育つに違いないと思います。

もう一つ。私が日常接しているのは、仕事場の生命誌研究館を訪れたり、手紙をくれたりする子どもたちです。来館者のなかには親に連れられた幼稚園の子もいますが、手紙をくれるのは、小学校高学年から大学院生です。いずれも、なんらかの形で科学、生きものに関心をもっており、カビの研究報告が送られてきたりします。この報告は中学のときから始まり、彼女はいまや大学生になり、生物学科に入学しました。

科学技術時代と言われながら——いや、おそらくそれだからこそ、若者の科学技術離れが騒がれているときに、なんと殊勝なと周囲からは思われている特別な子どもたちかもしれません。このような子どもたちが、どのくらいの割合でいるのか知りませんが、私の実感では、一〇%はいるのではないかと思います。ただ問題は、彼または彼女らが、その興味を向ける対象が、身の回りに少ないことです。科学技術時代と言われながら、その本質のところは見えなくなっているのが現代でしょう。すべてがブラックボックス化しています。

第一章でも紹介しましたが、大学工学部の先生が、自動車のボンネットを開けてもいじれるところがないと嘆かれる時代です。時計をこわす、バネじかけのおもちゃをこわすところから始まり、ラジオづくりをするという経過をたどってきたので、ドライバーやペンチをいつも身近に置いているのだけれど使い道がないというわけです。科学技術を駆使して作られた日常品は、便利さをもたらしてはくれますが、それがどのような原理ででき、はたらいているかを示すものはほとんどありません。

製品を作っている工場、研究の現場などは、専門家だけの場になっていますから、何が起きているかは専門外の人にはまったく見えなくなっています。これでは、科学や科学技術に関心をもとうとしてもどうしてよいかわかりません。子どもたちの科学離れを嘆く前に、一人でも二人でもよいので、科学を求めている子どもに応えられる場をつくろう。そう考えて「生命誌研究館」を創りました。ここは私の仕事を紹介する場ではありませんから、詳細は省きますが、館に置いたノートに来館者が書いてくれる感想を読むと、科学について知りたいと思っている子どもや若い人たちがこういう場を求めていることがよくわかります。

私の仲間である子どもたちは、科学技術時代をみごとに生きぬき、新しい時代を創ってくれるに違いありません。つい、力が入りますが、彼らの頼もしさに期待しています。

おわりに

最初に書いた、子どもというテーマはむずかしいという気持ちを抱き続けながら、書き進めてきました。もっとも、考えているうちに思わぬ発見をして、なるほどと思ったりもしながらですが。最後にきてなお編者の要求、社会からの要求に応えている自信はありません。それは、子どもを単独に切りだして見ることがついにできなかったからです。くどいようですが、どうしてもその切り方しかできなかった二つのことがらを再確認します。

一つは、おとなと子どもの関係を見ることが重要だというものです。もう一つは、個別の科学技術を取りあげるのではなく、科学技術を支えている価値観に問題があるという視点です。

このような見方をしたのは、私が科学という世界で育ったがゆえに、一九世紀から二〇世紀にかけて専門分化した分野としての「科学」の欠点を知っており、しかも二一世紀になろうとする今、「科学」は狭められた枠から出ようとしていることを実感しているからです。私自身、その動きを進めるための仕事をしているつもりです。ですから、過去のものを絶対であるかのように見て、その中でもがく姿やそれを活用して微笑んでいる姿を描いてもしかたがない、そんな気持ちなのです。その延長上ではない未来を思い描いているのですから。もちろん現実を見ることは重要で、そこから目をそらすわけにはいきません。要は、現実をどう見るか、そこから新しいものをつくりだす方法をどうやって探りだすかです。

こう考えた結果、重要と考えたのが、先にあげた二つの切り口なのです。実は、これ自体が狭い意味での科学とは違っています。私は、生命科学から生命誌という分野へと転身をしました。簡単にまとめれば、前者は、生きものを構造と機能で知ろうとし、分析・還元・論理・客観・普遍を基本とします。それに対し、後者は、科学から得られた知識を充分活用しながらなお、生きものは構造と機能以外に関係と歴史を見なければならないとします。そして、総合・直観・主観・多様・個別などを重要と考えます。

科学を否定せずにこのような展開をする方法を見出すことができた今、この視点を積極的に取りいれて次のステップを踏み出したいと強く思いました。ここは、科学そのものを語る場ではありませんから、これ以上は控えますが、「関係」と「価値観」という切り口で見るということは、私にとっては大事なことなのです。

そこで座標の基点をやかまし村に置いて、現代のおとなと子どもを見たとき、そこに見えてきたものは、人間の内なる自然でした。具体的には、心（もしかしたら河合隼雄先生がおっしゃる魂のほうがあたっているかもしれません。魔や聖を含みますので）と時間です。

とくに私が関心を持つのは「時間」です。生きものである私たちの中にある時間を大切にしたい。うっかり時計を忘れて外に出ると不安でしかたがないという生活を送りながら、いつも、自分の中の時間で動けない不満を感じています。子どもたちも、「早く、早く」とせきたてられて暮らしている。やかまし村のような時間が流れる生活はどのようにして手に入れられるのだろう。それを考えています。

科学技術の成果の一つひとつには、評価すべきものがたくさんありますし、それが人間の未来を広げてくれる可能性は大いにあります。自動車、テレビ、電話、コンピューター、さらにはそれらが組み合わさったマルチメディア、体外受精などを頭から否定はしません。しかし、それが人間のもっている心と時間を無視する形で使われるなら、それは内なる自然だけでなく、外なる自然をも破壊します。現代の課題としてあげられる、環境・医療・教育・農業・高齢化・少子化などの問題も、個別にあるのではなく、すべて内と外の自然を無視した結果ととらえることができます。

子どもを考えることはまさに未来を考えることだ。そんなあたりまえの言葉を改めて噛みしめています。

あとがき

今は春休み。私の仕事場（生命誌研究館）へも、お母さんと一緒の小学生、グループを組んだ中学生、カップルの大学生などが訪れてくれています。小学生は、枯木とそっくりのナナフシに目を輝かせ、中学生は進化を扱ったコンピューターゲームに熱中しています。大学生の二人は、ホールの真ん中に置いた椅子に座ってゆったりハイビジョンを眺めています。仕事の合間にちょっとのぞいて見たこちらもホッとする雰囲気です。

仕事場と家――つまり、大阪と東京を往来する新幹線にも親子連れが目立ちます。ディズニーランドの大きな袋を抱えて眠りこんでいる坊やは、思いっきり遊んできたのでしょう。

こんな様子を見ていると、どこに「子どもの問題」などあるのだろうという気持ちになります。もちろん、社会には子どもに関係する問題がたくさんあることはわかっていながら、それをそのまま子どもに投げかけて、「ほら今の子どもにはこんなことがある」と言いたくない気持ちが私の中のどこかにあります。

「生きているってどういうことだろう」と問い続けることを仕事にしていると、私たちの「生」を受け継いでくれている子どもに夢を託さずにはいられません。もしそこに問題ありとすれば、それは私の問題なのだと思う他ないのです。

ですから、子どもについて書くようにというお話があったときには、最も苦手なテーマだと申し上げ、とにかく考えてごらんなさいというお勧めに折れて書き終えた今も、求められたことに応えていないのではないかという不安があります。しかし一方、人間として「おとなと子ども」を不可分のものとする他ないということにこだわって考えたために、見えてきたこともあるように思います。

このテーマの私にとっての厳しさは、もう一つありました。科学技術は、本来、人間が暮しをより豊かに(物質的な面に限らず、あらゆる面で)するためにつくり出すものであると考え、その方向を探ることを仕事にしているのに、現実の科学技術の使い方には、あまりにもたくさんの問題点があるからです。しかし、ここでは、科学技術をあたかもそれ自身が勝手にふるまうもののように扱うことなく、人間の側から考えることで何か未来へつながるものを探そうとしたつもりです。

何かを書き終えたというよりは、「人間」についてさらに考えるきっかけを与えられたというのが、今の正直な気持ちです。悩み続けていた私に、励ましとお叱りの言葉をかけ続けながらいろいろ手助けしてくださった岩波書店編集部の山田馨さんにお礼を申し上げて筆をおきます。

中村桂子

一九九七年四月

II　子どもが育つということ

中村桂子コレクション

月報 3
第4巻
(第3回配本)
2019年10月

目次

藤原書店
東京都新宿区
早稲田鶴巻町523

中村桂子さん——人と仕事

米本昌平

ついに中村桂子さんのことを書くことになった。なんとも落ち着かない気持ちである。というのも、私は一九七六年に、三菱化成生命科学研究所・社会生命科学研究室という名の、中村さんが主宰する研究室に、文字通り拾われ、中村さんが八九年に転出されるまでの十三年間、私の上司であったからである。その後まもなく、中村さんは生命誌研究館を立ち上げられた。

近いと言えば、私にとってたいへん近しい人なのだが、それをいいことに、中村さんの考え方は、だいたいわかっているつもりであった。

これもまた私の悪い癖なのだが、ある日ふらりと、初期の生命誌研究館を訪ねたことがある。その研究館に足を踏み入れたとたん、ああ、中村さんがやりたかったのはこういうことだったのか、と瞬時に得心がいった。そして、うろたえた。

いくらたくさん文章を書いても、また、口をすっぱくして繰り返しても、伝わらないものは確実にある。それを伝えるためには、実際に形にしてみせるよりない。そのためには、その考えに共感して金を出すスポンサーが現れないといけないし、実際にその考えにそって形にされるものをごく当然のものとして受け入れ、未来に向けて行動する人たち(その代表が生命誌研究館のスタッフたち)がいて初めて、簡単には言葉では伝わらない、この場合は「生命誌」なるものの実体に、われわれは出会うことができる。

実は、この文を書くために、書棚の山から『生命誌とは何か』（講談社学術文庫）と『自己創出する生命』（ちくま学芸文庫）をみつけ、再び、精読してみたのだが、多くの人間は、中村さんの柔らかで平明な言葉遣いに惑わされ、誤読するのではないかと心配する。

中村さんは、分子生物学から生命科学へと進み、一九八〇年代以降、生命科学の現状に不満をもつようになり、最後に生命誌という概念にたどり着いたと、その過去をさらりと説明するのだが、この穏やかな表現からは、現在の生命科学のあり方に対する厳しい眼差しという立ち、そして、生命について徹底した考察の末であることが、きれいに拭われている。

そもそも中村さんは、DNA二重らせんモデルの発見者の一人である、鬼才ワトソンの問題の書『二重らせん』の翻訳者であり、そして何よりも、ワトソン・他著の『遺伝子の分子生物学』、同じく『細胞の分子生物学』という分子生物学の二大教科書の監訳者である。おそらく、分子生物学というものの精神とその本質について、中村さんほど知り抜いている日本人は、他にいないと思う。その上で生命誌という概念を提唱することの重みを、ほとんどの読者は読みとれないのだと思う。さすがに養老孟司氏だけは、『自己創出する生命』を「女性の書いた思想書」と喝破したらしいのだが。

私が初めて生命誌研究館をのぞいた時の衝撃は、生命というものへの素直な好奇心を全開にし、それをそのままに切り出し、啓蒙でもなく、教育でもなく、論文投稿のための実験でもない、確信に満ちた知的活動を、そこに直感したからである。生体分子さえつかまえれば、それだけ、生命の真理に接近するものと、自らに信じ込ませて全力疾走をする、現在の生命科学本流との空隙を、埋めようとする行為に不意に出くわしたからである。

生命とは何か、を納得するという頂に至るルートを、中村さんは、王道である生命科学研究の成果を再編するという表の登山道から、また私は人気のない科学史という裏道をたどって、同じ山頂からの眺望を目指しているのだ、と一方的に思い込むことができ、心を少し強くしたところである。

（よねもと・しょうへい／科学史　東京大学教養学部客員教授）

生命誌へ、遠い歴史学から

樺山紘一

今年二〇一九年の夏、季刊『生命誌』がめでたく通巻一〇〇号を発刊した。JT生命誌研究館が編集・出版する機関誌であることは、周知の事実。それにしても、季刊として一〇〇号、つまり二五年間にわたって、生命を考え、高い水準の広報誌を世に送りつづけたその努力。お祝いと感謝とを申しあげる。

なにより際立つのは、いくらか難しい生命現象の解説を、鮮やかな挿図を表面に立てて、毎号いずれもが読者を楽しませてくれること。もちろん、現館長・中村桂子さんのアイディアが色濃く反映されているのだろう。しかも、この広報誌の特徴のひとつは、その判型が正方形であること。ずっとお届けいただいてきた読者たる私は、できるだけバックナンバーを保存しようと努めてきた。もっとも、整理能力に欠けるものだから、欠号だらけになっているのだけれども。ごめんなさい。

さて、その『生命誌』が創刊された二〇世紀末のころのこと。ずいぶん前から各所でご一緒し、「桂子姉」と敬愛してきた中村さんからのご指名で、とある対談の席にお呼びいただいた。生命科学一般とは、はなはだしく距離のある歴史学に籍をおく私に、人間という生物としての歴史学を考えなさいという、なんとも無理難題。桂子姉のご指示をうけて、懸命に頭をひねった。

なによりも、こだわったのは、歴史的な過去に属する人間たちだって、おなじ人類であること。しかも、その人類は、霊長類はおろか、生きとし生けるすべての生物と、なにものかを共有しているはず。いやことによれば、動物から植物まで、地球をおおうすべての生命と内質を分ちもっているかもしれない。尊厳を独占する人類だけの歴史なぞ、あまりに偏狭にすぎるのではないか。

生命界全体のなかで、人類の歴史を語るなどという壮大な希望は、そもそも無謀としても、せめて人類文化を主題としながら、世界や生命との暖かい連帯感を保存したい。そんな野望をいだいて、私は対談の席にむかった。もっとも、いく度かすでに桂子姉と、そんな趣旨の雑談をしていたものだから、それほどに緊張することなく。

人類は、ほかのあらゆる生物とおなじく、無数の細胞からできあがっているのだから、人類史は生命誌の一環だ。でも、そんな安易な臆断だけで話がすむわけではない。だが、こう考えてみようか。

それぞれの生命は発生以来、過去から現在にいたる長大な歴史を、細胞内のどこかに記憶として刻印しながら、保存しつづけているだろう。しかも、個体から種の全体の拡がりにわたって。それなら、あらゆる生命にとって共同の記憶の床というべき原点も、どこかに存在するはず。人類史にとっての出発点たるゲノムという生命現象に視点をさだめて、この課題に取りくんでみることが可能かもしれない。

そんな至難な問題設定は、挫折するにきまっている。そう確信したうえで、私は桂子姉の提題に答えようとしたはず。その悲惨な実状は、「ゲノムの歴史に見える微かな記憶」という表題のもとに、公表された。その記録自体も、あまりの過去のことで、闇にきえてしまったかにみえたが、なんと幸運なことに、のちに対談集に収録されて世にだされた。しかも、さらにはなんと二〇年後の最近には、おなじ形で再刊された。『ゲノムの見る夢・中村桂子対談集』（増補新版、二〇一五、青土社）である。という訳で、当時の姿の再確認は、同書におまかせする。いまはただ、懐かしくも恥ずかしい過去として、回想させていただくにとどめる。

敬愛する桂子姉と私とは、そののちもまちがいなく、ゲノム・レベルでの対話をとおして、人間と世界についての対話をつづけている。すばらしい知性の背中を見てきた私にとって、生命はまだまだ学びとることに溢れている。こちらは、広報誌『生命誌』のバックナンバーとちがって、欠号もなく大切に座右におかせていただくつもりだ。

（かばやま・こういち／西洋中世史　印刷博物館館長）

虫愛づる科学者

玄侑宗久

昔から、格好いい方だと思ってきた。最初はテレビに出ていた白衣姿やその美貌の影響が大きかったかもしれない。「生命科学」という素敵な言葉も、中村先生の肩書きで初めて知ったような気がする。

最初にお目にかかったのは二〇〇六年、京都で開催された国際生化学・分子生物学会議の市民向け公開講座だった。「生命の不思議～禅の智慧からクローンまで～」というタイトルで、それぞれが講演し、その後公開対談をさせていただいた。禅の智慧といっても実際は仏教すべてに通じる考え方で、「全体と部分」について、「縁起」や「同期」などに触れながら話した記憶がある。

先生の遺伝子をめぐる話も刺激的で、対談も楽しかったのだが、そのあと予期せぬことが起きた。聴衆の皆さんからの質問を受け付けたところ、話の内容に関係なく「死刑についてどう思いますか？」とある男性が訊いたのである。要するに人が大勢集まりそうな場所にやってきてはビラを配るような人だったため、対応のしようでは催しじたいが台無しになってしまう。主催者は慌ててスタッフを客席に差し向け、説得して退場してもらおうとした。

しかし中村先生は慌てずマイクを取ってその客に向かい、誰も傷つかないような言い方で穏やかにその場を収めてくださった。その後京都の街を一緒に歩き、喫茶店で会話しながら、私は中村先生の優しさと格好よさにあらためて感じ入っていた。

先生の柔らかな感性と深い知性は多くの人々との対

談にそのまま顕れている。過去のお互いの総和以上の何かが、必ず産みだされているのである。禅には「巖下に風生じ、虎、兒を弄す」などの表現があり、人が相手の刺激で活性化する場面が讃えられる。いわばそんなふうに、中村先生はあらゆる分野の人々を刺激し、また活性化してくださるのだろう。

生命誌全体を見据え、しかも「今」から眼を離すことがないから、当然この時代のなりゆきには憂いをもたれている。高槻のＪＴ生命誌研究館は素晴らしい施設だが、外にも積極的に出ていかれるようだ。

先日、生命尊重全国研修会のシンポジウム記録を読む機会があった。これは安易な中絶に反対し、円ブリオ基金で誕生や養育を支援しようという団体だが、そこでも中村先生の発言がひときわ頭に残った。

「今、人間の遺伝子は全部調べられるので、遺伝子に欠陥の入っていない人はただ一人もいません。もし欠陥のある人は生まれてはいけないと言うなら、一人も生まれてはいけないことになる。だから人間を機械と比べてはいけない。機械は欠陥があるものは工場から出せない。生きものは、欠陥のないものはないという前提でないと存在し得ないのです」。これは新型出生前診断（ＮＩＰＴ）の安易な活用によって、優生思想が跋扈するのを警戒する発言であると同時に、ＡＩの発達に対峙する人間への讃歌とも思えた。

多様性や共生を唱える人は多いけれど、中村先生のそれは全ての生き物の欠陥をも包み込む「慈悲」に近いものかもしれない。

一昨年の冬にはご自身が監修された映画『水と風と生きものと』を引っ提げ、放射能被害に喘ぐ福島県にお越しくださった。シンポジウムにご一緒させていただいたのだが、それは政治批判でも情緒的な同情でもなく、自然という無限の関係性のなかの「命」の讃歌だった。なおも自然のなかで生きる福島県民にとって、あれほど本質的で科学的な励ましがあっただろうか。

仏教では「智慧」と「慈悲」が別々には成就しないと考えるのだが、中村先生においてそれは同時に実現している。因果律中心の科学が方法として万全とは思えないが、不思議を愛し、よく笑う「虫愛づる姫君」

の科学だけは今もなお格好いい。

（げんゆう・そうきゅう／作家）

未踏に挑む詩人　そして科学のひと

上田美佐子

中村桂子さんの凄いところは、「科学」を科学の専門家だけにしか解らないものにしてしまってはならないと、「やさしく語り美しく表現する」という思想を貫き通しておられる態度でしょう。

かつて私は中学生の頃、マリー・キュリーのような超一流の科学者仲間の方々が夏の休暇中、お互いの子供たちを集めて直きじきに科学や文学や美術や音楽や踊り等々……広範囲の「お話」をしてあげていたということを本で読み、憧れました。同じ頃、親戚のおにいさんに『物理学はいかに創られたか』という新書を与えられ、すっかりアインシュタインは今もって私の偶像となっています。以来、私にはなぜか、科学を貫く人と、シューベルトの〝冬の旅をする詩人〟像への憧憬とはダブル・イメージとなりました。

中村桂子さんを私が知ったのは、四〇年ほど以前、中村さんの恩師でいらっしゃった江上不二夫氏（当時は三菱化成生命科学研究所長）を月刊誌の取材でインタビューした際、「わたしの研究所の優秀な女性研究者……」と言って教えていただいた時です。そして、さっそく私は週刊誌のタモリさんの対談企画にゲストとして、中村さんをお願いしました。最先端の〝生命科学＝ライフ・サイエンスについて〟のご両人の話合いはスラスラ安逸にはいかないものの、シャープなセンス同士の交叉はまた、稀有な〝異化効果〟を表象した非凡な演劇を観るごとき興味深いものでありました。

その後、中村桂子さんとの交流は一九九二年の九月、東京両国に〝劇場らしい劇場〟と気負って出現した、「劇場とは、舞台芸術の発想と創造と、それを表現するため魂が降りる〈現場〉であり、それに客が立ち会って目撃をする降霊の場」を目ざす劇場シアターX（カイ）

の責任者となった私は、中村さんを非凡な美を有す海外からの招聘公演の度ごとに観劇勧誘をするのみならず、ついには新しい創作企画の多和田葉子書き下し戯曲『動物たちのバベル』上演のために一年がかりのアドバイザーを頼んだり、ポストモダン・ダンスのケイタケイ『畑の日記』への出演依頼や、「第三回シアターX国際舞台芸術祭」におけるメイン・テーマ〝考える人と踊る人〟の際には、あの舞踏山海塾の岩下徹氏と共同創作をしていただくなどいたし、思い返せば一九九三年JT生命誌研究館の創立や、そして副館長への就任と超多忙のさい中だった中村さんを、盛り沢山に「よくも酷使しましたね！」と批難されても仕方ございませんでした……（と今、深く反省いたします）。

その劇場シアターX（カイ）で隔年ごとに開催しているフェスティバル「第一四回国際舞台芸術祭２０２０」の来年のメイン・テーマが難航の末、今年夏七月に〝蟲愛づる姫とBIO history＝生命誌〟に決定。と、さっそくに問いあわせがきたフランスのダンス・アーティストや、スウェーデンのコレオグラファー三人から参加の意思表示。外国勢の反応はいつも速い。ゆえに国内の参加者のために催す恒例の「プレ・シンポジウム」という、大型お勉強会を一二月二四日夜に開催することとなり、パネリストとしては「蟲愛づる姫は生命誌の先祖」とおっしゃってる中村桂子さんと、四方田犬彦氏（批評家・映画史家）と、巻上公一氏（ソングライター、プロデューサー）と、矢野顕子さん（シンガーソングライター）……但しニューヨーク在住の矢野さんゆえ交渉中。

最後に「いま時代は、人間として生きるのか、機械として生きるのか、を決める分岐点だと思っています。この状況の中で生きものとして〝生きる〟という選択をする立場からの発信をするのが、生命誌の役割」。

中村さんのシアターX研究会での発言です。

深夜のJR中央線は結構なラッシュ。座っている者も立っている者も、みーんなスマホに吸い込まれていて無言。遅延してても無言。倒れた人がいても無言。もはや機械人間か。

（うえだ・みさこ／シアターX《カイ》芸術監督・プロデューサー）

1 新しき〝知恵の人〟をはぐくむ

新しき〝知恵の人〟の時代がやって来た!

1 新しき〝知恵の人〟が今なぜ必要なのでしょう

先端科学が行きづまり、答えられなくなった、日常の「なぜ」。
それに答えられるのは、これからの〝知恵の人〟なのです。

二〇世紀、科学は急速に進歩しました。科学は、さまざまなものごとに共通する法則を探していくものです。それが進歩するにつれて、目には見えない小さな世界や、宇宙のような大きな世界を扱えるようになりました。

科学は、自然界を整理した形で理解するのに役立ち、その知識を基本に生まれた技術は、私たちの生活を豊かに、便利にしました。しかし、その結果、技術に囲まれて暮らす私たちは、自然から離れ、身近なことを「なぜ」と問う気持ちを失っていきました。

ここまで進んだ科学は今、転機を迎えています。それは、私が専門とする生物学の分野についてもいえます。二〇世紀の生物学は、生物の基本を決める遺伝子が、あらゆる生物で、DNAという同じ物質であるという大発見をしました。そこで研究者は、それを調べればなにもかもわかる、と思いはじめました。

しかし、遺伝子の分析が進み、その性質がわかってくると、共通性を探しているだけでは、答えは出てこないことがわかりました。だって、なぜヒトはヒトで、アリはアリなのか。この問いに答えられなければ、生きもののことがわかったとはいえませんから。

同じDNAを遺伝子として使っているのに、多様な生物が生まれてくる謎を解きたい。科学はやっとそこまで到達しました。今、研究者は、子どもがワクワクして、卵がかえるのを見ているのと同じ気持ちで、DNAのはたらきを調べはじめています。これからは、日常的な問いと科学の問いとが一致する、そして、本当におもしろいことがわかりそうな時代なのです。

では、科学が再び身近な「なぜ」を考えられるようになった今、私たちには何が必要なのでしょうか。〝あるモノがどんな部品でできているかを知る〟のが「知識」なら、〝その全体的な関係や動きを知る〟のが「知恵」です。今までの科学は、まず知識第一でした。

しかし、農家の人や、庭で花を育てている人などは、その植物に関し、科学的知識はなくとも育ててきた経験から生まれた「知恵」をもっています。そして、今、生きものについて知るには、それを分解して知ろうとする知識だけでなく、昔からある知恵を活用することが求められています。

環境問題なども、知識で測るだけでなく、知恵を使わなければ、決して解決はしないでしょう。これからの科学には、〝知恵の人〟が必要なのです。いえ、科学者だけではありません。政治家であれ、企業で働く人であれ、みんなが、そういう感覚をもつべき時代……それが、これからの時代なのです。

2　新しき〝知恵の人〟とは

親が「知恵」を伝えることによって、
「知識」は初めて、生活の中で生きてくるのです。

ところで、知識と知恵とは、まったく別のものなのでしょうか。知識と知恵の、いずれかを選ばなければならないのでしょうか。決してそんなことはありません。知識があれば、よりよい知恵も出てくるし、知恵があってこそ、知識も生きてくる。知識と知恵とは仲が悪いどころか、二つ重なったとき初めて、お互いが相乗効果を発揮して、どんどんふくらんでいくものなのです。

現在の問題は、科学は知識だけのものだと思われ、知恵との相乗効果を出すことがほとんど行なわれていないことです。そのために、科学が現実の生活の中で、ほとんど生かされないままになってしまったのです。

知恵の人の時代がやってきたというのは、今までがあまりに知識偏重の時代だったことへの反省です。

前にも書きましたが、二〇世紀は、科学が急速に進み、生物学の分野では、地球上のすべての生きものは、DNAという同じ物質を遺伝子として用いていることがはっきりしました。これは、生きものは、みんな仲間だということを教えてくれます。昔の人の知恵と同じようなことをいっていると思いませんか。

知識は、本やコンピューターなどの道具を通じても伝えることができます。しかし、知恵は、人から人へと伝えられるものです。親が子どもに、おじいさん、おばあさんが孫に、という具合に……。知識と知恵の最も大きな違いは、ここにあるといってもよいでしょう。

たとえば、学校は、先生という「人」が教える場所です。ほとんどの人が、学校は知識を教える場所と考えていますが、実は、先生が教えるとき、先生の中にある知恵もまた伝わっているはずです。子どもが、「ああ、いい先生だなあ」と思うとき、たぶんその先生は、同じ教えるにしても、知識をそのままでなく、自分の知恵でそっとくるんで、子どもたちに伝えているのではないでしょうか。

そうはいっても、やはり学校は、知識を伝えることを要求される場です。それに、一人の先生対多数の生徒。知識は何人に伝えても同じですが、人間的なものは、どうしても薄くなってしまいます。つまり、学校は知識六〜七割、残りを知恵といった割合で伝える場。しかし親は、八割がた知恵で、そしていくばくかの知識も伝える……そんな役割分担が、理想的なのではないでしょうか。

最近のお父さん、お母さんは物知りすぎて、子どもに伝えようとするものの八割がたが、知識になってしまっている感じがします。しかし、親こそがまさに、子どもに知恵を伝えなければいけない立場にいるのです。

3　〝知恵の人〟を育むために
子どもの「なぜ？」に立ち返り、一緒に考えてみましょう。

では、知恵が八割、知識が二割という接し方とは、具体的にはどんなやり方でしょうか。それは「一緒に、する」ということです。「教える」となると「私はこっち、あなたはそこ」と、間に境をつくることになります。なにかを教えこもうなどと思わず、「一緒に楽しむ」ことが重要なのです。

実は、私たちおとなも、そんなになんでも知っているわけではありません。また、同じ童話の本を読んでも、子どものころとおとなになってからでは、見えてくるものが違うように、算数でも理科でも、子どもと一緒にやってみると、改めてわかることがあるはずです。

子どもに「そんなこともわからないの」と、自分の知っている知識だけを伝えようとするのではなく、もう一度、一緒に考えてみようとしてください。思わぬ発見があるに違いありません。子どもだけで取り組んだのではほんの少ししかわからないものが、一緒に考えることで、どんどん問いがふくらんでいきます。子どもの中につまっている「なぜ」をうまく引きだし、一緒に楽しんでみてください。

答えを出すことだけが、重要なのではありません。一緒に考え、想像してみること。それが子どもの想像力、ひいては創造力を伸ばすきっかけになるはずです。

新しき〝知恵の人〟を育てよう！――子どもの「なぜ？」から始める実践メニュー

1　なぜ、私は私なの？

一つの生命が生まれる背景には、

たくさんの出会いと長い歴史があったのです。

あなたが生まれたのは、お父さんとお母さんが出会ったから。お父さんは北海道生まれで、お母さんは山梨県出身という組み合わせはありませんか？

生まれたときには、もちろん、やがて、この人と結婚するなんて決まっていたわけではありません。それがどういう偶然か、出会って、結婚して、あなたが生まれた……。

そして、あなたのお父さんが生まれたのも、お父さんのお父さんとお母さんがいたからですし、お母さんが生まれたのだって、同じこと。そのお父さんとお母さんも、やはりどこかで生まれ、出会ったことになります。そんなふうに考えて、ずっとたどっていくと、なんとたくさんの人が生まれ、どこかで行きあって、また、その子どもが生まれるということを続けてきたことでしょう。

もしその途中でなにかが少し違って、別の人と出会い、結ばれていたとしたら、生まれてくるのも違う人だったでしょう。今あなたがあなたとして、今の姿でここにいること、私が私としていることは、たくさんの偶然の積み重ねの結果なのです。

少しどこかが違っていれば、あなたも、私もここにはいなかったはずです。もしかしたら、私はここにいなかったかもしれないというふしぎ。そして、実際には、ここにいるというふしぎ。人間を含め、すべての生きものは、こんな気の遠くなるような偶然を積み重ねてきて、今、ここにいるのです。

道具や機械、たとえばテレビや自転車は、人間が設計をして作ったものです。もう一度作り直そうと思えば、違うデザインのものもすぐ作れます。しかし、人間を含めて、すべての生きものは、つくろうと思ってつくれるものではありません。一匹のカブトムシだって、死んでしまったら、二度と生き返らせることはできません。カブトムシもまた、長い長いつながりの中で生まれた生きものなのです。

長い長い歴史を背負っているものであり、今ここでつくろうとしてもつくれないもの、それが生きものです。人間に、そして生きものすべてに対して感じる尊さや生命の重みは、このような長い歴史があるからこそ、出てくるものなのではないでしょうか。

2　なぜ、こんなにたくさん生きものがいるの？

さまざまな形に、さまざまな生活。

だから、生きものといえるのです。

すべての生きものが、長い長いつながりの中で、今こうして生きています。そうした生きものの特徴は、それが実にさまざまな姿形をとり、さまざまな生活をしていることです。でも、なぜ生きものはこれだけさまざまな形、さまざまな大きさをしているのでしょう。

たとえば、人間が作るものはどうでしょう。自動車にはたくさんの種類があり、それぞれスタイルが少しずつ違いますが、タイヤやエンジン、ハンドルがあるという基本は同じ。形も、どんなにデザイナーが凝っても、自動車というイメージの形からははずれません。

長い羽がついていたり、大きな角が生えていたりということはあり得ません。自動車には、人を乗せ、道路を安全に速く走るという目的があるからです。

しかし生きものはどうでしょうか。なんていろいろな形があるのでしょう。たとえばミミズとムカデを比べてみてください。両方とも同じくらいの大きさで、同じような格好なのに、片方は足がなく、片方は数えきれないくらいの足があります。

ここから、二つのことがわかります。一つは、生きものは生きること以外の目的があってつくられたものではない、ということ。生きものは生きていることだけが大事なのであって、走らなくても、飛ばなくても、生きものは生きものなのです。ですから、形はそれぞれでよいのです。

もう一つ。車はほとんど舗装道路を走りますが、生きものはさまざまなところに棲みます。

ミミズは土の中にもぐっているので、足はかえって邪魔になる。ごく近く、ほんの数センチの差のところに住んでいても、地上を歩くムカデとは環境が違います。生きものの形は環境に合っているのです。

生きものにとって、環境は非常に大事で、それが少し違っても、生きられるか、生きられないかが決まることさえあります。ジャングルと砂漠、南極と熱帯というような大きな差はもちろん、わずかな環境の違いも、そこで暮らす生きものに影響を与えているのです。

ですから、こんなにもさまざまな生きものが、さまざまな環境に適応し、棲み分けているわけです。これも、何十億年という歴史の中で形づくられてきたことなのです。

3 なぜ、お花はきれいなの?

感じ方のふしぎ、日常的なことでも、たくさんの「なぜ?」
科学ではわからないことが、たくさんあります。

花は植物の生殖器官。つまり、実を結び、子孫を残すための器官です。雄しべと雌しべの間で受粉が起きて、初めて実をつけ、子孫を残すことができます。強い子孫を残すには、他の株の花粉を受けることが必要ですが、植物は動けませんから、いろいろな形で花粉を運ぶ、あるいは、運んでもらう工夫がなされています。

たとえば、風で飛ばしてもらうとか、虫に運んでもらうとか……。ミツバチが花から花へと蜜を求めて飛びまわる間に、ミツバチの身体には、その花の花粉がたくさんつきます。花は、ミツバチに花粉を運んでもらう代わりに、蜜を出している。つまり、お互い助けあう関係にあるのです。

こんなふうに、虫に花粉を運んでもらう花の場合、蜜を出して虫を呼んだり、虫がとまりやすいような形をとったりしています。同時に、虫が見つけやすく、かつ、虫をひきつけるように、よく目立ち、鮮やかな色の花をつけます。

なかには、ハチのメスそっくりの形の花をつけて、オスのハチを呼ぶランもあります。虫がとまって、その重みで花がしなると、雄しべが、虫の背中にポン、と花粉をつけるという花さえあります。

これが、草木が鮮やかな花をつける理由と考えられます。けれども、まだまだわからない、大きな疑問があります。同じ花でも、人間の見え方と、虫など他の生きものの見え方は、必ずしも同じではなく、人間が感じる色と、虫のそれとは違うことがあります。私たちが「白い」

と思って見ている花も、紫外線を感じる虫たちには、紫や青に近い色に見えているのです。ハチやチョウをひきつけるために鮮やかな色をつけ、また、とまりやすいように花びらを広げる。それは納得できる話です。なかには、人間にはあまり美しいと思えない花もありますが、多くの花は、人間にも「美しい」と思えます。なぜでしょう。ちょっとふしぎです。

日本人ならだれもが、桜が咲けばお花見に行って楽しもうと思います。けれども、人間がお花見をしても、桜にはほとんどなんの利益もありません。人間がきれいだ、いいにおいだと思って、折ったり摘んだりすれば、害にさえなります。

もちろん、人間が、より美しい花を咲かせたいと考え、人間の手で栽培し、交配させることもあります。私たちが庭で育てたり、花屋さんで見かけたりする花の多くが、人間の手によって、より美しく、あるいは、より大きく華やかに咲くように、品種が改良されています。

しかし、それはたかだか数千年の話であり、長い長い植物の歴史から考えれば、ほんの一瞬です。人間の手が加わった花々も、もともと人間をひきつける美しさをもっていたからこそ、「より美しく」という努力が重ねられてきたわけで、ほとんどの花は、人間が関わる前から美しく咲いていたのです。

それでは、人間以外の動物は、花を見てどんなことを感じているのでしょうか。たとえば、イヌやネコ、ウシやウマは、花を見て、やはりきれいだと感じるのでしょうか。そもそも「きれい」という感情とは、いったいなんなのでしょう。こうしたことを考えると、自然界はふしぎです。

親子で散歩しながら、「ほら、見てごらん、お花がきれいね」と言いますね。子どもの情緒を育てるために、これは大切なことですが、いざ、なんでお花はきれいなのかと考えると、その答えはよくわからないのです。科学はなんでもわかっているものではなく、「お花はきれい」という日常的なことでも、まだまだわからない「なぜ」が、たくさんあると知ることが大事です。

今ある答えで満足しないで、そんな「なぜ」をいろいろと考えてみる。それを楽しみ、子どもたちに考える楽しさを伝えたいものです。

2　なぜ、人間にはシッポがないの？

「なくてあたりまえ」ではなく、「もし、あったなら」を考えると、科学はぐっとおもしろくなります。

人間には、他の多くの動物のようなシッポはありません。しかし、ずっと祖先をたどっていけば、大昔には、シッポがあった時代があったからでしょう。今でも尾てい骨のところに、その痕跡はありますが、形態としては完全に消えてしまいました。シッポはいらない。使わない。それで消えていってしまったのでしょう。

でも、進化の途中で消えないで、残っていたら、おもしろかっただろうに、と思うことがあります。あって邪魔なこともあるかもしれないけれど、便利な面もある。ときにはシッポで逆さにぶら下がって、ナマケモノの気分を味わうのはどうでしょう。満員電車の中で本を読むときには、シッポで吊り革につかまれば、危なくないし、ずいぶん楽かもしれません。

シッポをいろいろ飾るファッションなどもあって、リボンを結んだり、きれいにドライヤーをかけて、カールさせるとか……。シッポでひょい、と挨拶をして、「今日のヘアスタイル、すてきね」と言うように、「やあこんにちは、今日のシッポもきれいですね」なんて言いあったり。そんなふうに想像すると、残っていてもよかったのになあ、と思ったりします。

森の中、木の上で生活しているおサルさんを観察してみると、シッポを大活躍させて、木から木へ跳び移っています。サルは、こうやって樹上で暮らして、さまざまなものを食べ、あまり食生活が特殊化しませんでした。

ところが、人間の祖先は、木から降り、草原に出てきましたので、シッポの役割は、だんだんと薄れてきたのでしょう。二本足で立った人間は、自由になった手と、大きな脳を組み合わせて道具を作り、技術を生みだしていきます。こうして、他には例のない特殊な生きものが生まれ、科学を生みだしたり、学校を作ったりするようになったのです。

二本足歩行は、ヒトのもう一つの特徴も生みました。人間は動物の中ではかなり目がきくほうです。森の中の生活では、木の枝や葉に遮られ、視界はあまり開けません。そこでは、目より耳のほうが大事です。しかし、草原でははるか遠くまで見通しがきくので、あっなにか来た、捕まえようとか、逃げなければという判断には、目がいちばん重要になります。そこで、人間の目の能力は高いのです。こうして、さまざまな器官や能力は、環境との関係で、生まれたり消えたりしながら今にいたりました。「もしもシッポがあったなら」という想像は、遊びです。しかし重要なことは、今あるものが正しいとか、今あるものが絶対なのだとか思いこまず、いろいろ考えてみることなのです。

子どもが想像力をはたらかせると、「おかしなことを言わないの！」と、それを封じてしまうことがあります。しかし、「もし」と考えてみることは、科学の出発点です。

5　なぜ、動物は学校へ行かないの？

動物は、生まれながらに「生きる知恵」をもっています。
人間は、未熟だからこそ、親子の関係が大切なのです。

「私は毎日、学校に行かなければいけません。でもうちのワンちゃんは、お散歩したり、昼寝をしたり。宿題だってしなくていいし。そんなのって、ずるい！」

人間以外の動物は、学校へ行かなくても、生まれつきできることだけで生きています。もちろん、生まれてから学ぶこともあります。

たとえば、鳥の鳴き声がそれで、親や仲間の歌う声を聞いて、鳴き方を覚えるのです。ウグイスなども、若い鳥は「ホーホケキョ」とは鳴けずに、最初のうちは「ケキョ」なんて鳴いています。他のウグイスが鳴く声を聞いているうちに、だんだんと上手になってくるのです。

鳥の鳴き声には、ナワバリを主張したり、オスとメスが呼びあったりする役割があります。もし、ちゃんと歌えなければ、エサも満足にとれず、つがいをつくることもできません。私たちが算数をちゃんと勉強しておかないと、買い物に行ったときの、お金の計算ができなくて困るのと同じように、鳥は歌を勉強しないと、満足に暮らしていけません。だから、みんなが集まる「スズメの学校」はないけれど、鳥も、小さなときに、仲間たちから基本的なことを学ぶのです。

親や仲間から学び、あとは自分で暮らしていけるという段階になると、動物は独立します。人間の場合、日本では二〇歳になったら成人という約束になっています（選挙権については今一八歳になりました）。この時間は、生きもののなかではいちばん長い「子ども時代」です。他の動物は、長くても数年、早いものは数カ月や数十日で自立します。動物たちも「学習」しないわけではないのですが、人間は、学習する時間が非常に長いのです。

それは、なぜでしょうか。まず一つは、人間はまだちゃんと育たないうちに生まれてきてしまうためです。動物には、生まれてすぐ歩ける仲間も少なくありませんが、人間が歩けるのは、生まれて一年もたってからです。

他の動物に比べて頭が大きいので、今以上にお腹の中で育ってしまうと、お産がたいへんです。そこで早めに生まれ、お腹の中で過ごすはずの一年ほどは、何から何まで親の世話になって生きるわけです。

もう一つ、動物たちの学習は、お父さんの時代も、おじいさんの時代も、ひいおじいさんの時代も、まったく同じです。しかし、人間の場合はだんだんと変わっていきます。人間は、一つの世代のうちに、いくつもの新しい技術や、考え方を生みだすため、次の世代はそれだけ覚えることが増えていくことになります。これを文化といいます。

おとなになるのに時間がかかり、多くのことを学ばなければならない人間だからこそ、親子の関係が大事な生きものだといえるのではないでしょうか。そして、その親子関係で重要なのは、いつまでもベタベタとすることではなく、適切なときに一人立ちできるようにすることでしょう。早い時期に子離れする動物たちの様子に学んで、上手な子離れを考えることも必要です。

6　なぜ、おばあちゃんちのトマトはおいしいの？

長い時間をかけて培われ「知恵」がいっぱい詰まった、もぎたてのトマト。おいしくないわけがありません。


夏休みに、おばあちゃんの家を訪ねて、もぎたての、熟したトマトを食べたとき、どうして、こんなにおいしいのとたずねたことはありませんか。

おいしさの理由の第一は、それが熟しているからです。今、都会のお店で売られている野菜の多くは、熟さないうちにもいでいます。トマトも、青いうちにもいで、流通する間に赤くなるようにしています。本当なら、熟れるまで地面から養分を取っていくはずなのに、充分な養分を取る前に収穫され、それまでに取り入れた養分を消費しながら熟れていくわけです。

おばあちゃんのトマトは「もぎたて」であることも、おいしさの秘密です。そして、もしおばあちゃんの家が、昔からトマトを作っていて、昔ながらの堆肥の作り方をよく知っており、それで丹念に作っていたら、化学肥料だけで育てたトマトよりおいしいでしょう。それに大好きなおばあちゃんが作ってくれたということも大事ですね。

さまざまな技術は、作物を昔よりはるかに効率よく育てることを可能にしました。しかし、効率があがり、生産性もあがった一方で、忘れられてしまったこと、捨て去られてしまったこともあります。現代社会は、能率を大切にしてきました。家電製品、自動車などが能率よく大量に生産され、おかげで多くの人がこれらを手に入れ、使うことができます。けれども、そのために、私たちはなんでも能率で考えるようになってはいないでしょうか。

お母さんが子どもたちに言う言葉で最も多いのは、「早く、早く」だそうです。でも、ちょっと待ってください。生きものはなんでも早くはできません。サルカニ合戦のカニは「早く芽を出せ、柿の種」と言いましたけれど、なかなかそうはいかない。それなのに、植物や子どもという生きものにまで能率をあてはめてしまっているのが、今の社会です。

新しい科学技術を利用して、豊かな生活を送ることは、悪いことではありません。けれども、それに振りまわされて生きものが関わることまで効率だけで判断しないことが大切です。おばあちゃんのトマトは、それを教えてくれます。

7 地球が危ないってなあに？

「地球を守ろう」なんてはりきらないで。人間としての「分を守る」ことが大切。

これは、ある虫の専門家に聞いた話です。山の中に、アスファルトで舗装した道を通すと、あっという間に、それまでその周辺に暮らしていた虫たちが、姿を消してしまうのだそうです。細い道があるだけで、虫の活動に影響など出るはずがない。頭の中ではそう思ってしまいます。しかし理由はどうあれ、現実にその一本の道で、まわりの虫たちが暮らせない環境になってしまうのです。

開発や先端科学技術を頭から否定したのでは、人間は楽しく暮らせません。けれども、森の中の道路が、虫のすみかを取りあげてしまうとしたら、虫にも迷惑ですし、私たちの楽しみも減ってしまいます。賢いといわれている人間の行ないとして、どうかなと、首をかしげざるを得ません。舗装なら、すぐアスファルトと考えずに対処できないでしょうか。たとえば、水を吸収し、まわりの生態系に影響を与えないような舗装法はないものか……それを見つけるのが、「知恵」ではないでしょうか。その気になれば、新しい舗装法は見つかると思います。

これは、地球の生態系をできるだけ壊さないようにしようという考え方です。では、生態系を壊さないとはどういうことか。これが意外にむずかしい問題なのです。

一〇〇年前の地球、一〇〇〇年前の地球、そして一万年前の地球……地球はつねに変化し続けてきています。人間がいようがいまいが、無関係に地球は変わっていきます。しかし、森の中の道のように、今の人間の行為はその変化に組みこまれにくいところがあります。

現在の地球上での生きものの滅び方は、激しすぎます。象牙を取るためにゾウを殺す、ワニ革がほしいのでワニをとる。その場合、ゾウやワニがちゃんと子どもを産み、育て、数として減らない程度の節度が必要なのに、乱獲してしまいました。資源として考えても、それを潰してしまったのでは元も子もありません。賢くありませんね。

もっと深刻なのは、森をどんどん切り倒してしまっていることです。そのために森の生きものがすみかを失い、消え去っているのです。人間の身勝手さのために、本来のダイナミズムを超えた変化が起き、生きものが消えていくのは問題です。

最近、「地球を守ろう」という声がさかんです。けれども、地球は「守る」ものではありません。「守る」というと、人間のほうが主人のようですが、地球＝自然こそが、人間を含めたすべての生きものを支えているのです。そして、そこには、許されることと許されないことがあります。地球は、私たちを支えている存在です。「守る」などとはりきらなくていいのです。あまりわがままを言わずに暮らしていれば、地球は続いていく力をもっています。

分を守るという言葉があります。まさに地球の中での人間の分を守る。地球を守るのではなく、この分を守ることこそが、まさに、人間の「知恵」が問われる課題だと思います。

新しき〝知恵の人〟のめざすもの

1　科学とは、問いを探すこと

「これは必要じゃない」と切り捨てる時代はもう終わり。日常の会話から、たくさんの「なぜ?」を引きだしましょう。

子どもが「なぜ」とたずねるとき、実は、とんでもない想像をはたらかせていることがあるのを、みなさんはご存じでしょう。子どもが二、三歳のときには、その突拍子もない想像を聞いて、「うちの子は天才じゃないかな」と思ったりします。しかし、小学生くらいになると、多くの親は、「問い」ではなくきちんとした「答え」を望むようになるのです。そして、中学、高校くらいになると、創造力のある人に、などと注文します。これは、とんでもない話です。「なぜ」に始まる想像力こそが創造力なのですから。

子どもは、好奇心でいっぱいです。赤ちゃんのころから、きょろきょろと辺りを見回し、言葉がしゃべれるようになれば「なあに?　なあぜ?」と、うるさいくらいに聞きはじめます。

おとなになるにつれ、たずねてもうるさいと思われるだけだろうとか、こんなことを気にするなんて、おかしいかなと考え、疑問を抑えてしまいがちです。でも、なぜだろうと思うことは、人間の大事な特徴なのです。そして、自然や人間について「なぜ」をもち続けているのが、科学者とよばれている人々です。つまり、科学をすることは、なんら特別なことではないのです。子どもの問いを、それは科学じゃない、無駄なことだ、と切り捨てる時代は、もう終わりです。

たとえば、私たちの身体の中で、異物を撃退する役目をしているリンパ球細胞は、その数およそ一兆個ですが、ふだんはたらくのは、このごく一部です。あるいは、生殖のための精子も、何億という数がつねに作られていますが、それもほとんどは無駄。生きものの身体はうまくできているといわれますが、その部分部分には、こんなに壮大な無駄があるのです。そんな無駄があってこそ、初めて生きていくことができるといってよいのです。

現代の効率社会の中で、私たちは「うまくやる」とは能率的に、合理的にものごとを進めることだ、と考えがちです。しかし、実は無駄をいとわないことこそ、うまくやることなのではないか……これが、私たちが生きものの身体のしくみから学ぶ、一つの大切な知恵ではないでしょうか。

子どもに対し「私は科学が苦手、教えられないから塾へ行ってちょうだい」と言わずに、日常生活の中で身につけたことを伝えてください。それが、これから習う科学に結びつくことになるのです。「科学とは、答えを出すもの」。私たちは、ついそんなふうに考えがちです。そこで、問いよりも先に、答えを並べ、それを覚えることこそが「学ぶ」ことなのだと早合点してしまいます。

しかし、実際には、問いを探すことこそが科学です。答えは、出せばそれでおしまいです。一方問いは、新しい想像と創造を生みだします。今まで気づかなかった問いを探し、提起する……それが新しい科学をつくっていくのです。それには、知識だけでなく、知恵が必要なのです。現代の技術は、人間を自然の恐ろしさやめんどうさから解放し、快適で豊かな生活を実現させる方向に進んできました。しかし、ここへきて、環境の問題、あるいは他の生きもののいのちの問題など、やはり人間も一つの「生きもの」であることを思い出させる事態が、いくつも起きています。

これを解決するには、どうしたらよいのでしょう。科学技術による人工環境をより高度化すればよいのか、あるいは、科学技術を捨て去るのか……。どちらも極端に過ぎます。私たちの進む道は、人間本来の「生きもの感覚」を忘れず、科学技術をそこから離れさせることなく進め、社会づくりをしていくことではないでしょうか。

生きもの感覚にのっとった科学技術。それは、知識にかたよらず、人間の長い歴史の中にある、あるいは自然の中から学びとれる「知恵」を生かしたものになるはずです。

その知恵の第一歩は、家庭で伝えられるということを忘れてはいけません。

2　本当にやりたいことを見つけよう

「知識」はもっていても、自分のやりたいことを見つける「知恵」がない。それで、幸せな人生といえるでしょうか。

大学や大学院の学生さんたちと接していて、非常に気になることがあります。それくらいの年齢になっても、自分が何をやりたいのかわからない人が、たくさんいるのです。自分はこれができる、あれもこれも知っている、こういう試験では、どれくらいの成績がとれる……そういうことは全部わかっているのに、自分が本当にやりたいことはわからない。自分が大切と思うことに向けて、一生懸命努力するという人間らしさが見えません。なんだか「幼い」感じで、そのために、彼ら自身悩んでもいるのです。

お金を儲けることも、出世をすることも大事でしょう。でも、人間がいちばん幸せなのは、自分がやりたいことができる、ということではないでしょうか。もちろん、仕事というからには、いつも自分の好きなことばかりできるとは限らないでしょうが、仕事の中でおもしろさを発見できれば、生きていくのが楽しいでしょう。何をしていいのかわからないというのは、つらいことです。

知識だけはたくさんもっているのに、自分のやりたいことを見つける知恵をなくしてしまっている……大学生になってからの問題ではなく、小学校の初めから、学校や家庭での暮しの中でつくりあげていくものが、知恵です。自分のやりたいことがはっきりしてくるのは、ある程度おとなになってからでしょう。だから、小学一年生には、そんな問題は関係ないと思われるかもしれません。

しかし、子どもが小さいうちに、お父さんやお母さんが、大事だと思うことをしっかり伝えていくと、それが子どもの考え方の基本をつくります。将来、自分で自分のことを決めなければならないとき、自分が好きなことがわかるには、小学校に入るころから、知識だけではない何かを、周囲の人からもらっていることが大事です。

そこで子どもたちに伝えられるものが「知恵」です。ですから、この時期のお父さん、お母さん、先生方には、非常に大事な役目があるのです。先に述べたように、学校はまず知識を伝える場ですから、知恵を学び、磨くのは、家庭からということになります。

子どもを知識の塊にしたいのなら、コンピューターにまかせたほうがいいかもしれません。親が子どもを育てるときは、人間にしかないものを子どもに伝えることが大事です。それが、子どもの幸せにつながります。知識を詰めこむばかりでは、自分で考える人間は育たない。親のできること、すべきことは、人間そのものを伝えることなのです。

2　理科教育の基本を考える

はじめに

「子どもたち（若者）の理科離れ」「ゆとりと個性化と創造性をめざす学校教育の中での理科教育の問題点」「科学技術創造立国をめざしての科学技術基本法の制定と科学技術基本計画の実施」「生物を知らない生物系・医学系の学生の増加をもたらす入試制度」……。生物研究の場にいると、始終聞かされる言葉のいくつかだ。これら一つひとつのもつ意味はそれなりに理解できるけれど、全体を見たときの相互関係はそれほどはっきりしない。しかも、現実には、この中の一つだけを取りあげて議論をした結果、制度が急に変わったりする。その場合、それが全体にとってどんな意味をもつのかはさっぱりわからないことがしばしばだ。

たとえば、科学技術創造立国をめざすには、創造的な若手研究者が必要だということで、大学院生を三〇万人にしようという方向が出されたが、それまでの教育やその後の研究の場の有無とは無関係にそこだけに力が入れられるので、本当にこれが全体として最もよい方策かどうかはわからないうちにことが進んでしまう（このように、少なくともそこだけを見れば改善であるような方策の場合、評価がむずかしい。「やらないよりはよいに決まっているでしょう。予算がつくときにやっておくことが大事なんですよ」という現実的な対応を否定はしにくいからだ）。そのようなわけで、理科教育についても、最初にあげた問題点のどこかに目を向けて、制度の改善をするという作業に対して、私としては、やや腰を引いた気分にならざるを得ない。

そこで、基本的なところに戻って、私なりの提案をしてみたい。

科学・科学技術ではなく、自然理解とその賢い活用

教育は、もちろん人間を育てる行為だが、具体的にはそのときの社会が求める人間を育てる

ために行なわれることになる。そこで、今の理科教育は、科学技術創造立国を支える人材を育てるという視点からなされることになり、議論もそこに集中している。しかも、議論を聞いていると諸外国（とくにアメリカ）に負けないような技術開発をすることが、科学技術立国の具体的内容なのである。

これは少し違うのではないか。それが私の率直な気持ちだ。二〇世紀が終わろうとする今、日本の未来、いや少し大げさにいうなら人類の未来を考えて、科学・技術が行なうべきことは何かと考えるならば、それは、利便性を求めての生産を主体とした二〇世紀型の科学・科学技術をそのまま延ばすことではないのは明らかだ。なぜなら、今や地球レベルでの環境問題や資源問題が起きており、それと無関係に科学技術を進めることはできない。宇宙・地球・生態系というわれわれをとりまくもの、つまり自然を総体として理解するという学問体系を私たちはまだもっていないのに、今どうしてもそれを知らなければならない状況にきているのである。

地球環境、人口、食糧生産、人間のもつ価値観や生活方式、石油文明の終焉などさまざまな問題を関連づけて考え、新しい生き方を探る学問としての科学、つまり本当の意味の自然科学をつくりあげなければ、これからの生活は考えられない。どのようにして新しい学問をつくりあげていくか、そのためにどのような教育をすべきか、どんな人間を育てたいのか……、その中での理科教育をどうしたらよいか。そういう問いが立てられるべき時である。

科学技術は、進歩と発展を旗印に、できるだけ速くとか、どこまでも便利にという願望を満足させるためのものではなく、自然を賢く活用し、その中で上手に生きていく方法の開発に変えていかなければならない。つまり、既存の学問を教えるということを越えて、新しい学問づくりにみんなが参加していく状態をつくらなければならないのである。

事実、大学では、環境、人間、地球、情報などという言葉を含む学部・学科が増えており、そのようなところでは、確立した学問を教えるというよりは、先生も学生も一緒になって新しいものをつくっていくという雰囲気になっている。初等・中等教育でも生活とか総合という科目が登場したのは、まさにこのような動きへの対応だろう。この動きを上手にとらえて教育全体を体系化し、若者にとって興味深いものにしていく必要がある。若者は、自分の未来に関心をもつものであり、このような動きには積極的に反応するだろう。

もちろん、それを支えるのは既存の科学(理科教育では物理・化学・生物・地学)であり、それらの知識を身につけることは必須である。そのうえで、それらすべてを関連づけた総合的な体系をつくり、それを教えなければならない。今必要なのは総合的な自然科学を生みだせる人を育てる理科教育を考えることである。

準備期間の重要性

教育は、めんどうなことを叩きこむものではなく、本来は学習する、知りたいから学ぶという姿勢があるところに興味深い知の基本を流しこむものだ。子どもたちが、理科を学びたい（自然について知りたい）という気持ちをもっていないのに、教える方ばかりが目の色を変えてもしかたがない。そこで重要なのは、就学前、三歳〜六歳くらいの過ごし方なのではないかと感じている。自然を知るということは、生きものである人間が生きものとして上手に生きるために不可欠な知恵をもつことであり、その基本は、本能として身についていているべきことだ。それは、就学前に体に入っているはずのものである。どうということはない。日常、自然に接していれば、おのずと身につくことだろう。

ところで、自然に接するというと、子どもを山や海や森へ連れていって自然教室を開くということになりがちなのだが、生きものにとって最も大切な自然は仲間だ。したがって、人間にとっても、まずは自分の仲間である人間との接し方がその基本となる。親・兄弟・近所の人、友だち、保育園や幼稚園の先生。サルがサルとして生きるには、自分の仲間をよく知り、その中での生き方を身につけることが自然との付き合いの第一歩であるように、人間も人間同士の付き合いが大事というわけだ。次いで、身の回りの生きものであるイヌ、アリ、ゴキブリをよく知り、そのうえで大自然の中へ入って、その大きさや恐さも知ればもっとよい。

ところで最近の風潮は、幼児期から（ときには胎児のころから）分断した知識を教えるお勉強を始めるようになっている。その時期はいろいろなレッスンに通わせて知識を詰めこむよりも、自然に親しめるようにすることが理科教育の基本ではないかと思う。大学の話、そのための高校教育の話をしようとしているところで、突如学齢前教育をもちだして申し訳ないが、そこを放っておいて後の教育をいくらいじっても効果はないと思うので、あえて指摘した。

理科教育の目的

自然を学びたいと思い、人間に関心をもつ状況で入学してきた子どもへの理科教育は、何を目的にするか。それには大きく次の三つがあろう。小・中学校、高等学校でのカリキュラムについても、単に「理科教育」というのではなく、その目的を明確にして教えるようにしたほうが、先生も生徒も、自分が何をしているかがわかって、楽しい教育と学習ができると思う。

1　生活者としての基本を身につける――自然の一員としての人間という自覚

自然とはなかなか人間の手には負えないめんどうなものだ。夏は暑く、冬は寒い。暮らしにくいので、空調機をつけ、つねに快適な温度にしようというのが二〇世紀の科学技術を支えてきた考え方だ。ひとことでいうなら〝自然離れ〟である。しかし、人間自身が生きものであり、自然の一部であるところから抜け出すわけにはいかない。あまりにも自然離れの方向にきすぎたことが今、環境問題、エネルギーや食糧問題、さらには教育現場の荒れなど、生きものゆえに起きる多くの問題を引きおこしている。

二一世紀の科学、科学技術は、自然をよりよく知り、さらにはその一部としての人間をよく知るところから出発する必要があることを最初に指摘した。もちろんこの知識は、単に科学・科学技術に関わる人だけに必要なものではない。廃棄物の扱い、エネルギーの使い方など、日常生活に不可欠な知識であり、理科教育の基本はここに置かれる必要がある。

生活者としての科学技術との接し方というと、コンピューター・リテラシーが大事というように、すでに日常生活に入りこんできた複雑な機械を理解する必要性が指摘される。もちろんこれも必要だが、それ以前に、自然の一員である賢い生活者として科学技術のありようを考える人間を育てることが不可欠だ。

2　職業人としての基本を身につける

人間の一生を考えたとき、仕事は大きなウェイトを占める。自分に合った職業を選び、能力を生かして生活できることが、幸せに暮らす基本だろう。理科教育の問題も含めて、教育をとりまくさまざまな課題を議論するとき、つねに槍玉にあげられるのが大学入試であり、さらには入社試験である。一般論として、親が子どもの教育に頭を悩まし、経済的に無理をしてでもなんとか〝よい〟学校に入れたいと思うのは、よい企業に入れたいからだといわれる。本当にそうであるかどうかは別として、教育論議はそういう形で行なわれる。

確かに、どんな仕事をするかではなく、どんな企業に入るかということが語られすぎている（理科離れ論議のきっかけの一つは、理工系の学部を出た若者が、バブル経済のころに製造業を嫌って金融業に入ってしまうという事実にあったと思う。ただしそれは、よい企業——それも給料のよい企業——という基準で選んだら、当時は金融業だった、というだけのことで、決して科学が嫌われたのではなく、今ではその選択を反省している人もいるに違いない）と思う。

企業への終身就職を前提にした社会が崩れているなか、学校も本格的によい職業人を育てるという意識をより明確に出す必要がある。個人的には職業高校に関心があって農業高校を訪れたり、先生のお話を伺ったりしているが、そこでの教育はかなり魅力的だ。ただ問題は、農業という産業が、この国の中ではその重要性が的確に認識されておらず、必ずしも魅力あるものになっていないので、せっかくよい職業教育を受けてもそれを生かす、若者にとって魅力的な職場が少ないのが残念だ。

きちんとした職業教育と魅力的な職場の組み合わせをつくりだすこと、理科教育のほとんどはこれで改善できるのではないだろうか。職業教育が低く位置づけられる風潮から脱却するための施策が必要だ。物理学、化学、数学、生物学、地学……、さまざまな職業を考えると、これらの課（科）目が、ここで必要だ、あそこで必要だと思いつく。なぜ力学を勉強しなければならないのかわからずに数式を眺めているのと、興味をもつ建築の基本としての力学を教えられるのとでは、まったく受け止め方が違うだろう。

3　知的好奇心をよびさます——できることなら創造も

生活者や職業人に不可欠な知識として学ぶ理科は必要最小限の教育だが、理科を学ぶことの本質は、単に役に立つことを身につけるところにあるのではない。人間という生物の特徴である知りたがり屋の部分をよびさますのが最も重要なのである。生活や職業にひきつけて興味を抱かせることができれば、おのずと知的好奇心のわく生徒が出てくるに違いない。

論理的に考える喜びを味わい、複雑な現象の陰にかくれている単純な法則のみごとさに感激し、自分で疑問を探しだし……、そこからは、科学、科学技術の世界で新しい発見をし、技術を開発する人が生まれてくるはずだ。理科教育が重要だといわれながら、なんのために何を学ばせるかということを明確にしていないのである。そして結局は、入学試験にあるかないかということで、学ぶか学ばないかを決めるという、まったくおかしなことになっている。

そこで、望みの方向へ（たとえば大学の医学部が、生物学を学んでこない学生が入学してくるのは困るので生物学を学んでくるようにする）もっていくためには、試験の制度を変えることになる。こうして教育改革＝学校に関する制度いじりになり、あげくの果てに、一人の生徒が学ぶ教科は減っている。そこへ突如小学生に起業家精神を育てるためのコンピューター教育をするなどというびっくりするような話が真剣に語られるのだ。めちゃくちゃだ！と思わざるを得ない。

理科教育のシステムを考え直す――教師と教科書の重要性

目的をきちんと決めて教育をする場合に大事なのが先生であることはもちろんである。個々の先生の意識を高めるだけでなく、先生自身が勉強したり教育の方法を考えあったりするネットワークをつくるなどして、全体の能力を高めるシステムづくりが重要だ。まず先生が理科にのめりこみ、その重要性を認識しなければ（入試の一手段として考えているようでは）よい理科教育などできるはずがない。

それに加えて――いや、もしかしたらそれ以上に大事なのが教科書ではないかと思う。大学での教科書の場合を例に、私自身の体験から、この問題を考えてみたい。生物学では、一九五〇年代以降さかんになった分子生物学が急速な進展をとげ、DNAを基本にした生命現象の理解が生物研究の中心になっていった。今では、細胞、発生、進化などの研究もDNA抜きには進められなくなっている（誤解を招くといけないので、念のため断っておくが、すべてがDNAでわかるなどといっているのではない。DNAという切り口でわかることを追っていくと、体系的に生命現象が理解できるということだ）。このように新しい学問が生まれたところで、教育はどうなるか。

日本での対応は大きく分けて二つになった。一つは、教育とは基礎を教えるものであり、最近の学問の動きは研究の場に行ってから触れればよいという考えで、新しいものは組みいれずに従来どおりに教えるという態度だ。もう一つは、教師がたまたまその分野の研究者である場合、自分の得意とするところを教えるというやり方だ。これは教える側も熱心に伝えるし、最先端に触れられる点、学生にとっても興味をよびさまされる授業になることが多い（この二つの傾向は高等学校でもみられる）。しかし、学問として体系的に学ぶことができないという大きな欠点がある。

そこで、教科書の必要性が浮かびあがってくる。分子生物学に関していうなら、ＤＮＡの二重らせん構造の発見者であるＪ・Ｄ・ワトソンが書いた教科書が一つのモデルとなろう。一流の研究者が全体像をまとめたのは、教科書の重要性を認識してのことに違いない。しかも、学問の進歩につれて、頻繁に改訂していくのにも感心する。これは分子生物学に限らない。細胞生物学、発生生物学などもＤＮＡ研究を踏まえた教科書がアメリカでは次々と書かれた。

それを見て、今、日本でこれだけのことができるだろうかと考えたとき、残念ながら答えはノーになる。教科書をまとめるには、その国にその分野の研究が豊富にあること、研究者・教育者に教科書の重要性が認識されていること、そして現実問題としてそれを書く余裕があること（時間的、気分的に）などが必要だが、残念ながら日本にはそれが不充分だ。

話を大学の教科書から始めたが、指摘したいのは、小・中学校、高等学校での教科書のことである。教科書は非常に重要であり、大学側が高等学校までの教育に不満や要望があるとしたら、教科書に関心をもち、本当にその分野の教育に必要なことや重要なことが体系的に教えられているかということをチェックする必要がある。

筆者はたまたま、熱心な高等学校の先生方に引きずりこまれて、生物学の教科書づくりに参加した。できるだけ日常の関心につなげながら、生物学の真髄、本質（おもしろさ）を伝える教科書づくりへの工夫の余地は大いにあると感じた。指導要項や検定は教科書のレベルを一定以上に保つために必要だが、それがよりよいものをつくりにくくする枠になっている嫌いもある。この問題も含めて、教科書についてもっと真剣に考えるべきだと思う。

もう一つの体験から、小学校についての提案がある。国語の教科書に「体を守る仕組み」という題で、免疫のことを書いているのだが、それに対する子どもたちの反応はとてもよい。おそらく、筆者のところに反応が返ってくるのは、先生の指導がよい場合なのだろうが、小学校の場合、理科にこだわらず国語の中でかなりの教育ができると感じている。また保健の先生から、この教材を保健教育で使った例の報告もいただいた。実は、免疫という項目はむずかしすぎるとされて小学校の理科では教えられない。国語だから免疫の話ができるのだ。小学校は、国語教育が基本だと思うので、その中にどんどん理科的な課題を入れていくのがよかろう（今ももちろん、ある割合でそのようなものを入れることになっているが、それに限らず詩や物語でも自然について、生きものについて語ることはできるはずだ）。

これだけ教育論議が高まっているのに、理科を教えるための教科書について、残念ながら本質的な議論はなされていない。

大学入試について

教育論議をすると、必ず、諸悪の根源は企業の人材選抜が大学に貼られたレッテルに依存しており、そのために、何を学ぶかでなく、ある大学に入ることが人生にとって重要になることだという話になる。特定の大学の入学試験に通ることが若者の最大の目標になっていることが問題なので、大学入試をなくせばよいとなるわけだ。大学入試がさまざまな問題を引きおこしていることは確かだ。しかし、そこで大学入試をなくすという対応がよいかとなると、そうではないだろう。

本来なくすべきは、幼稚園や小学校の入試であり、中学校のばかばかしい入試競争ではなかろうか。そのころに塾へ通い、おとなでも解けないようなひねった難問を解けるか解けないかを競い、それができる子どもが不必要な優越感をもつことほど人間として好ましくないことはない。むしろ高校入試、大学入試の年齢になったら、ある程度自分の得意・不得意もわかり、それぞれに向いた選択ができるようになる。そのときに意図が明確な、できることならできるだけ幅広い試験をすることが大事だと思う（理系へ進学する生徒も、国語、英語、歴史などの基本的知識は必要だし、文系へ進学する生徒も、生物学や物理学の基本を知っておくことは大事だ）。

小さな子どもに試験をすることのマイナスは大きい。そのころは、未来というよりその時を思いきり楽しむ時期であり、友だちとの付き合い、自然の中での遊びなどやるべきことがたくさんあるのに受験のための勉強に多くの時間をさくことになる。しかも、最近の若者を見ていると、「試験」に生きがいを見出しているように見えることが少なくない。大学に入ったとたん六法全書を抱え、司法試験の勉強を始めるのが法学部での常識とか。そういえば、大学近くの駅前には司法試験の塾の看板が並んでいる。どうも、何をやるかではなく、どれだけむずかしいテストに通るかということを生きがいにしている人種が生まれたのではないかと気になる。小さいころからの癖になってしまったのではなかろうか。テスト以外に考えられなくなっているようにさえ見える。

というわけで、本当なら小さなころの試験を止め、大学入試は、基本的学力を広くテストし、考える力を知るためのものとして厳しく行なうのがよいというのが私見だ（できることなら一回のペーパーテストでなく、面接も含めた進路指導的試験がよい。現実にはなかなかむずかしかろうが）。

学校外での理科

理科教育の目的のところの三番目にあげた、好奇心に応え、創造性につなげていくという部分は、学校教育にすべてを求めるのはむずかしい。そこで、学校外での理科が重要になる。その基本は、自然と接することだが、二一世紀へ向けての教育としては、それでは不充分だ。

生物学でいえば、細胞、分子など目に見えないところで起きている現象のおもしろさ、進化のように生きものの歴史を知ることの大切さを考えたとき、現代生物学の成果に触れることのできる場が必要だ。最近では、大学の公開講座、学会主催のイベントなど、そのような場が増え、成果を上げているが、今後ますますこのような活動が増えることが大事だと思う。

私は、いわゆる啓蒙ではなく、これからの学問を考える場がつねにあることが不可欠であると考えて「生命誌研究館」を創り、常時、研究の現場を外に対して開いているという社会実験を行なっている。幸い、それなりの成果が上がっており、今後このような場が増えるとよいと願っている（研究館については語るべきことがたくさんあるが、また別の機会にゆずる。関心のある方は生命誌研究館のホームページを見ていただきたい）。

おわりに

教育論議に巻きこまれるたびに、何を求めてのことなのだろうと思うことが少なくない。今回は、とくに大学入試との関連で、生物学を履修せずに大学へ入る学生が増え、大学側が困っているというところから話を始めた。それへの最も直接的な答えは、それを必要とする学科の入試で生物学を必須課目にすることだろう。ただそのことだけのために、また制度をいじりまわすのは望ましくない。

ところで、そのような議論の延長として、中学校・高等学校で実験が行なわれないのは困りものなので、入学試験に実験を取りいれるという話になると、待てよと思ってしまう。実験とはそういうものなのだろうか。試験があるからやるというのは、どこかおかしい。

こう考えてくると、当事者それぞれが問題だと感じることを大声で言いあい、声が大きかったところについて、なんらかの制度いじりがなされるということ自体間違っていると思わざるを得ない。全体を体系化し、どこで何をすべきかを明確にしてから各段階での対応を決める必要がある。

たとえば、就学前の幼児は人間としての基礎をつくることに重点をおき、そこでの「お勉強」を止める。幼稚園、小学校、中学校への入園・入学に際しての過度な受験勉強を誘う試験は止める。理科教育の目的を明確にしてそれに見合ったカリキュラムと教科書をつくる。先生の意識や知識を高度にする。高校と大学の入試は幅広い基礎知識と考える力をテストするものとしてきちんと行なう。このような流れをつくることだ。

こうして、本当に自然・人間に親しみをもち、よく理解して、自分の生き方の中で科学や科学技術を生かす人々を育てたいと思う。その中からは必ず、知的好奇心にあふれた創造性豊かな科学・科学技術の専門家が生まれてくるに違いない。

以上が、私が考える理科教育だ。ここで書いたことは、生きものについて知ることはおもしろいし、これからの生活にとって大切な知識だと思いこんでいる者の願いであり、別の視点からは別の提案があるだろう。さまざまな立場からの議論が必要である。

二一世紀は二〇世紀とは異なる価値観と知で動いていくに違いないのであり、小手先の制度いじりではなく、理科教育の基本を考えることがとても重要であるという判断に間違いはないと思っている。その気持ちを受け止めていただきたい。

3　物語の時代へ

子どもに「お話」をする

二人の子どものうち、下の子どもも今年（一九九一年）で大学を卒業しますので、一応「子育て」は終わったと言ってよいでしょう。ここで振り返るこの二十数年間は、楽しいことがたくさんありましたが、失敗と反省のくり返しでもありました。

たくさんある反省の一つに、子どもが小さいころに、もっとお話をしてやればよかったということがあります。日常会話ではなく、「物語」です。小さなときから身近に本はたくさん置いておいたので、自分たちでよく眺めていましたし、夜になるとベッドの中から「本読んで」と声がかかり、読み聞かせもやりました。こうして、私たち親子の間では、「お話」は、すべて文字に書かれており、それを読むものとなってしまったのです。

実は、私が小学生のころ、弟によく「お話」をしました。終戦直後で、本がなかなか手に入らない時でしたから、布団の中で隣に寝ている弟に、自作の話をしたのです。学校の図書館で読んだ「家なき子」の話を自分でどんどん展開して自分の身に引きつけ、話す側も聞く側も涙を流しながらの熱演の時もありました。

本が少なかっただけに、一つの本から、次々と自分の世界を広げていったのです。

ところが今は、いくらでも本が手に入り、しかもそれは、美しくて、おもしろくて、魅力的なものばかりです。ですから、それで充分満たされてしまいます。それに、専門家の書いたお話のほうがはるかに質の高いものですから、おとなもそれに引かれます。それを親子で楽しめる今という時代は、私の子どものころに比べたら、恵まれているのは確かです。

けれども、私自身の中から出てくるものを私自身の言葉で語る「お話」は、親にとっても子どもにとっても大事なことだったのではないかと思うのです。いろりを囲んだり、火鉢のまわりに座ったりして、お年寄りが子どもたちに昔話を語っている様子を思い浮かべます。これは、単に、そのときにおじいさんやおばあさんと孫たちが時間をともにしたというだけではなく、二つの世代が生活に密着した世界を共有したということなのです。

「教える」ではなく「物語る」

こんな例をあげたのは、このころ、大事なことを伝えるためには、「教える」のではなく「物語る」のがよいと思っているからです。昨年来たいへんよく売れている本の一つに、『ホーキング宇宙を語る』があります。これは、イギリスの理論物理学者であるS・W・ホーキング博士が、宇宙はいつどのようにして生まれ、どのように育ち、これからどうなっていくかという問題を語っているものです。

最先端の宇宙論ですから、内容は高度であり、本当はたくさんのむずかしい数式を並べなければ説明できないはずです。けれども、ホーキング博士は、たいへんやさしい言葉で語りかけてくれます。それでも、すべてがわかるというにはほど遠いところがありますが、宇宙という魅力的な対象について、一流の学者が語ってくれるところがうれしく、本質が伝わってくる気がします。

これまでは、科学のように専門的な知識を一般の人に伝えるときは、「啓蒙」という言葉が使われました。何も知らない人を教え導くという姿勢です。明らかに、上から下へという意識があります。

ところが「語る」となれば、目の高さは同じです。「私がとってもおもしろいことを見つけたんですよ。ちょっと聞いてくれませんか」ということです。「オイ、教えてやるからそこへ座れ」と首筋をつかまえられたのでは、逃げだしたくなりますが、「おもしろい話、聞きませんか」と言われれば、なんだろうと好奇心がわきます。学校でも同じではないでしょうか。先生たちが、自分がおもしろいと思うことを物語れば、生徒たちは、目を輝かせてとびついてくるに違いありません。

ただし、「物語る」のは、なかなかむずかしいことです。おじいさんやおばあさんは、長い長い体験を基本にしているから、子どもをひきつけることができるのです。ホーキング博士は、第一級の物理学者なので宇宙について語ることができるのです。豊富な体験や知識を基にしながら、内容が充分自分のものになっていなければ上手に物語ることはできません。

現代は、情報社会といわれます。本だけでなく、ラジオ・テレビその他に、たくさんの情報があふれています。しかもそれは、美しく彩られ、おもしろおかしくつくられています。それらを活用すると、たくさんのことが伝えられるような気がします。でも、それらは、情報の断片であり、だれがスイッチを入れても同じものが出てきます。それを、あちらこちらへ動かしているだけなのです。

たくさんの情報を自分の中で取捨選択し、自分で消化して物語にする。そしてそれを人に伝える。そのような知の伝達がとても大切になっているように思います。学校も、教える場ではなく、「物語る」場になったら、本当の意味で豊かな知の場になるのではないでしょうか。

4　子孫に伝えたい生き方――いのち

ニホンミツバチの百花蜜

誕生おめでとう。そして、生まれてきてくれてありがとう。

宇宙には数えきれないほどの星があるけれど、その中でも地球はとくにすばらしい星です。なぜなら、そこにはさまざまな生きものたちが暮らしているから。地球の魅力はこれに尽きます。これを「いのちの賑わい」と表現したのは、作家の石牟礼道子さんです。緑の欅や松、真紅のバラ、薄いピンクの桜、道路をすばやく横切るネコ、暑い夏の日射しのもと行列をつくって食べものを運ぶアリ、朝日にキラリと輝く雨粒をつけたクモの巣……一年の中の季節、一日の中の時間、天候などによって、さまざまな生きものがさまざまな姿を見せてくれます。まさに、いのちの賑わいです。そこにあなたというもう一つのいのちが加わったのです。すばらしいことではありませんか。心からおめでとうと、ありがとうを言います。

孫に向かってこう語りかけながら、心のどこかに、このように言えるときがいつまで続くのだろうという疑いがあるのを否めません。気候の変化が荒々しくなっています。その理由はわかりませんが、温暖化は確実に起きており、それは人為的原因によるところが大きい、と気候変動に関する政府間パネル（ＩＰＣＣ）第四次報告書にあります。

地球上の生きものたちはどうなるのだろうと言われますが、生態系は、それほどやわなものではありません。三八億年という長い月日にわたって続いてきたのであり、どんな環境になってもこれからも続いていくことでしょう。問題は人間とその周囲にいる生きものたちです。それは、かなり厳しい状況に置かれることになるのではないでしょうか。

そこで今、孫を含めて、これからの世代のことを考えたときに残したいのは、日本列島という風土の中でおのずと生まれてきた暮らし方です。それは、自然と巧みに接するという社会です。そうであれば、挨拶をしましょうとか、いじめはやめましょうとか、教養を身につけましょうとか一つひとつ言わずとも、おのずと納得のいく生き方ができるはずです。

実は、それを家の庭にいるニホンミツバチで実感しています。最初は、ハチといえば刺されて怖いと反射的に思っていたのですが、十数年付きあっているうちに、性質が穏やかで、よほどの危機を感じないかぎり刺さないことがわかってきました。攻撃的なセイヨウミツバチと違うのです。体はちょっと小さめです。その他に異なるのが蜜集めの効率で、もちろんセイヨウのほうが効率は上です。そしてもう一つ、セイヨウミツバチはアカシアならアカシアと、一つの花に集中して蜜を採るのに、ニホンミツバチはさまざまな花を訪れます。そこで彼らの集めた蜜を百花蜜と呼ぶのです。

穏やかな気質で、それほど効率はよくないけれど（もちろん自分たちが暮らし、子育てをするには充分以上の量の蜜を集めます）、さまざまなものを活用する。これはこの国の風土が生んだものに違いないと思えてしかたがありません。人間とハチとをまったく同列に論じるつもりはありませんが、このニホンミツバチの特徴が気性に合います。このほうが好きです。こちらの生き方をしたいと思うのです。これからの世代もこの風土の中でこのような暮らし方をしたら、本当にいきいきと豊かに生きていけると思います。

それには、私の世代が、それにふさわしい社会をつくらなければなりません。最近、とくに東京では超高層マンションでの子育てが始まっています。土から遠く離れた人工環境で育つことが生きものとしての能力を失わせないかと心配です。IT社会の到来を喧伝した専門家たちは、これで分散型社会が可能だとおっしゃいました。ところが、一極集中はますます進んでいます。そのための歪みを一つひとつここであげることはしませんが、大量のお金が動いていれば活気があるといい、おかしな競争を強いて格差を生みだし、人々の心を荒んだものにしている社会の流れをこのままにしておいたら、孫に伝えたいものはすべて失われてしまいます。

すべては複雑

すべてをお金の動きで考えるのではなく、〝いのち〟を〝生きること〟を基盤に考える。これが次の世代に伝えたいことです。先日訪れた水俣の漁師、緒方正人さんが「〝ネコに小判〟というけれど、新鮮な魚はぼくにもネコにもおいしい。ネコにも鳥にも通じるものを大事にしよう」とおっしゃいました。なるほどです。このような考え方をしていくと想像力が豊かになります。それは人間の特徴であり、よりよい社会をつくる基本はその想像力にあります。創造力は想像力からしか生まれません。〝いのち〟よりも、お金とおかしな競争のほうが大切であるかのごとく言いたてるようになってから、人々、とくに社会のリーダーとよばれる人たちの中に、想像力に欠けているとしか思えない言動が増えたように思います。

想像は、ありもしないものを思い浮かべることではありません。まずは、私たちの過去や未来、遠くの国で理不尽な戦いに巻きこまれている子どもたち、私たちの毎日の暮しを支えるものを作ってくれている人たち、さまざまな生きものたち……その姿を思い浮かべることです。すると、多くの人々や生きものたちへの感謝の気持ちが生まれます。子どもたちの上に爆弾を落とさない社会にするにはどうしたらよいのだろう、と真剣に考えることになります。

もちろん、どんなに考えても答えの出ないこともありますし、答えが出てもその実現のむずかしさに途方に暮れることもあります。いや、むしろそのような課題ばかりです。

すべては複雑。この複雑さに向きあうことが〝生きる〟ということであるのに、今の社会はそれに目を向けることを避けています。なんでも簡単にできるはずであり、簡単にできるのがよいこととします。すぐ答えを出す人が勝ちとされます。これでは〝生きている〟ことにならないと思うのです。ロボットならそれでよいでしょうけれど。

〝いのち〟を基本にしよう。次の世代にはこれを伝えたいと思っています。それには、この国の風土を感じ、それを生かす生活ができる国づくりが必要です。子どもは、日常的に自然と向きあう生活ができるようにする。その具体化として、いや、象徴的に〝小学校で農業を必修にする〟という方法を提案したところ、かなりの反応があり、福島県喜多方市は特区として始めてみるとのことです（二〇〇九年より実施され、現在にいたる）。自然と接するといっても、美しい、心が安まるというだけでなく、その複雑さを理解し、頭と体をともに動かしてそれに向きあうことができるのが農業です。しかも生産の喜び、ときにはそのむずかしさも味わえるので、さまざまな教育になります。

窓の向こうに夕日が落ち、富士山がシルエットになって浮かびあがり、丹沢の山々の緑が金色に輝いています。わが家の居間から見える光景です。美しい国です。これを美しいと思う心を伝えたいのです。

5　生活の中での子どもをよく見て、子どもの言葉を聞く

――加古里子さんと生命誌の出会い――

毎日の大半を過ごすデスクの脇に木枠の額があります。

　ＢＲＨの皆様に
よりたくましく
より美しく
よりすこやかに
　一九九四・一二・一三
　　かこさとし

とあり、加古さんの絵本でおなじみの男の子と女の子が元気よく走っている絵が描いてあります。

ＢＲＨ、つまり生命誌研究館が開館したのが一九九三年の六月ですから、開館後まもなく、まだ研究館の存在もあまり知られていないなかったころにいらしてくださったことになります。

小さなものへの加古さんのまなざし

ところで、このメッセージ、当時研究館で行なっていた展示のポスターの裏に書かれているのです。通常は色紙、少なくとも新しい紙に書くものでしょうが、止める暇もなく、手元にあった紙にサラサラッと書いてしまわれました。

それを見て、加古さんが企業の技術者としてのお仕事の傍ら紙芝居を作り、セツルメントの子どもたちに見せていた時代について書かれた文を思い出しました。そこには、研究所での論文書きに追われているなかで、その紙の裏に思わず紙芝居を描いていたとありました。会社勤務でいらしたので、お仕事の傍らと書きましたが、実は子どもたちが大好きだった加古さんとしてはセツルメントの傍らの会社だったのかもしれません。決して会社のお仕事の手を抜いていたなどと思っているのではありません。加古さんのなにごとにも真摯に向きあわれる姿勢はよく存じあげていますから。でも心の底にはつねに子どもを大切に思う気持ちがおありになったに違いなく、論文の裏に思わず紙芝居を描かれたそのときの姿を想像し、勝手にニヤリとしてしまうのです。

そして今、私の部屋にあるこのメッセージ。研究館の館員はもちろんおとなですけれど、まだできたてで、海のものとも山のものともわからない生命誌を一生懸命創りあげようとしている私たちに対して、子どもへの応援と同じ気持ちをもってくださったのだろうと思います。そこで、たまたま目の前にあった紙の裏に応援メッセージを書いてくださった。裏の文字が少し透けて見える額を見ながら加古さんの、小さなもの、芽生えてくるものへの優しいまなざしを思うのです。

科学絵本シリーズ

ところで、大阪府高槻市という、東京の友人を誘うと必ず、そんな遠い所へ行くのはたいへんと二の足を踏まれる場所へ、加古さんがいらしてくださったのにはわけがあります。

加古さんが自然について書かれた絵本の始まりは『かわ』でした。一九六六年初版で、山の奥で生まれた小さな水の流れが山あいを下り、平野までできてゆったりと海へと続く、川の一生の本ですが、加古さんの本の特徴は、川そのものだけでなく流れる周辺が詳細に描かれていることです。小さな現実の一つひとつを見る楽しみ、とくに子どもはこれが好きです。実はこの年に長女が誕生、その三年後に長男が生まれ、二人の子どもたちはこの本が大好きでした。その後、川が集まってできた『海』(一九六九年)、海の存在を特徴とする天体である『地球――その中をさぐろう』(一九七五年)、そして地球も含めての『宇宙――そのひろがりをしろう』(一九七八年)とこの流れは続きました。科学絵本シリーズ(福音館書店)です。

加古さんの本は、徹底的な調査によってその時点での科学の最先端を含みながら、科学知識の伝達を意図するものではありません。ましてや新しい知識を教えてやるぞという雰囲気はどこにもありません。まず、加古さんが知りたい人になり、一緒に考えるのです。話はいつも身近なところから始まります。『宇宙』の一ページ目は、窓辺に置いてある机と窓から見えるビル群です。机にはハガキ、マッチ、エンピツ、クリップなどが置いてあり、隅に「イヌノミ」がいます。ノミは体の一〇〇倍も高くとび上り、一五〇倍も遠くへとびます。もし人間がこれだけとべたら窓の外のビルをとび越えるでしょう。子どもが自分の体で実感できるようにするための工夫です。

ここから始まって世界はどんどん広がります。ジェット機に乗り、ついにロケットで広い宇宙へとび出すことができました。そして人間は、一五〇億光年（今では一三八億光年という数字になっています）という宇宙の果てまで知る旅を続けていくのです。加古さんは書きます。「私たちのたびもこれでおわらねばなりません。このおおきなうちゅうは、にんげんがはたらいたり、かんがえたり、たのしんだりするところです」と。

宇宙より大きなテーマ

身近なところから始まり、全体をとらえ、それを単なる知識で終えずに、その自然の中に私たちがいるのだということを実感させる。これが加古さんです。

『宇宙』の絵本が出版された後、『これでおしまいですね』と言われ、つい『いや、宇宙より大きくてすごいテーマがあります』と言ってしまったんですよ」。

来館された加古さんはこう言われました。加古さんが宇宙より大きいと思われたのは「人間」

です。

「人を書くとしたら、子どもたちに、自分がなんであるか、どういう生きものであるかを知ってほしいと思って勉強しました。あれこれ考えているうちに、私たち人間は二度とない貴重な時間を経てきたらしいことに気づいたのです。その中でそれが三八億年という長い時間であり、体の中にその歴史が書きこまれているという『生命誌』に出会い、これは話を聞かなきゃいけないと思ったんですよ」。

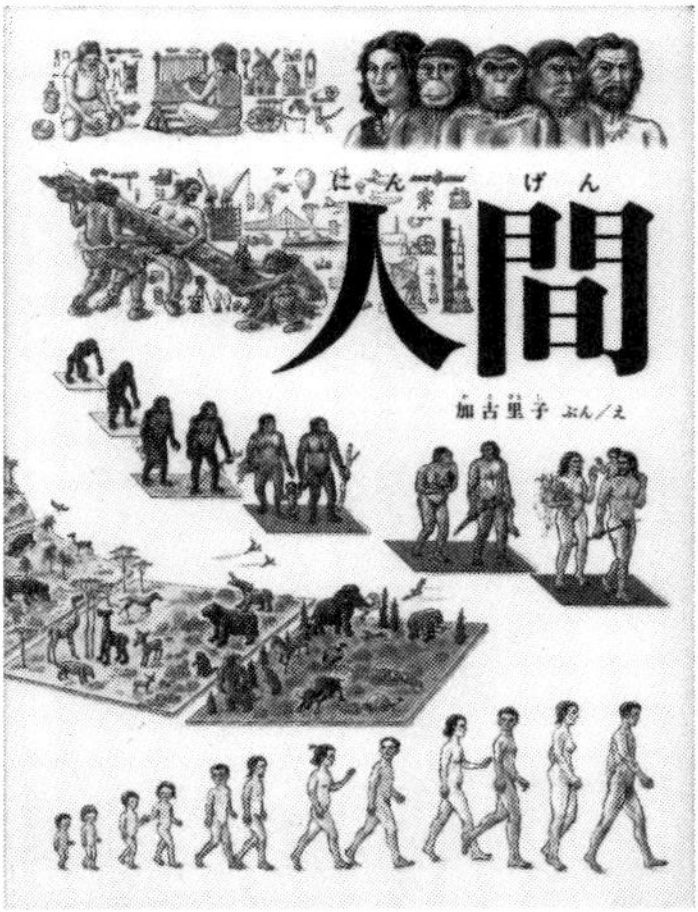

長い導入になりましたが、絵本『人間』（一九九五年）を書くための勉強にいらしたというわけです。驚きました。『人間』を書こうと思われたのは『宇宙』の刊行直後ということですから、研究館へいらしたのはそれから一六年も経ってのことになります。その間、医学や発生生物学はもちろん、社会学なども勉強され、最後に生命誌まで取りいれてくださろうということになったわけです。一七年間もかけての一冊の本、加古さんもすごいけれど、熟成を待っている編集者もすごいですね。こういう

時間の大切さが今、忘れられているように思います。じっくり時間をかけて本当によいものをつくる文化のある社会を豊かというのではないでしょうか。

この本の「あとがき」に書かれたエピソードには心動かされます。『人間』の執筆をしている間に、ラジオ子ども電話相談で小学校低学年の女の子が「お風呂に入るときに見るとお母さんのお腹には傷がありません。だから私はお母さんの子ではないのではないでしょうか」と涙声で訴えているのを聞いたというのです。そのときの解答者たちの説明では女の子の疑問は解けずじまいでした。それが気になっていた加古さんは、『人間』の中でていねいに誕生の話を書きます。もう一〇年も経ってしまったので「あまりにおそい答え」に質問者は苦笑されるでしょうと言いわけをしながら。

これが加古さんです。とにかく「生活の中での子どもをよく見て、子どもの言葉を聞く」のです。子どもの本はこれでなければ書けるはずがありません。絵と文字が並んでいさえすれば絵本になるわけではありません。子どもの言葉を聞いているから、子どもが喜んで読み、おとなも楽しんだり学んだりできるのです。本物の絵本です。

『人間』は「かがくの本」と分類されています。確かに、生物学や医学の知識が生かされた「かがくの本」ですが、加古さんはここで、人間が集まると行き違いや過ちが起きたり対立やいがみ合いが起こることを書いています。お金のやりとりから争いが起き、ときには武器を使う戦争にもなるという現実をも述べています。死についても触れています。人間は地球上の生物の一つであること、しかも他の生きものともつながっていることを意識し、人間至上主義にならないことを伝えたかったと書いておられます。「科学」は一つの専門分野としての約束事をもってはいますが、「かがくの本」では狭い科学にとらわれず、人間について書くならその本質を問うことが求められていると思います。絵本という形で、これをみごとに行なっている加古さん。一七年という時間をかけてこの一冊を創りあげた姿勢に多くを教えられます。

死にたいなら遊ばなくていい

ところで、『人間』にも生かされている、「生活の中での子どもをよく見て子どもの言葉を聞く」という加古さんの基本姿勢から生まれたみごとな、私の大好きな作品が「伝承遊び考」です。『お絵描き遊び考』『石けり遊び考』『鬼遊び考』『じゃんけん遊び考』の四巻（小峰書店）から成り、日本中の子どもの遊びがすべて入っています。これまた長い年月をかけてのお仕事です。

この作業をなさって気づいたことを加古さんは次のように書いておられます。

「子どもが興味をもつものは森羅万象で、千差万別で、曖昧で不確実であるけれども、失敗や忘却などを重ねて、要するに時間エネルギーの乱費、消費をするのです。そんな無駄なことをする暇があったら、英語の単語の一つでも、と考えるのがこのごろの風潮でしょうけれど、遊びは唯一、成長ということのために必要なのです。そういうことを僕は子どもたちに教えられました。この遊びというものを通じて。子どもの成長が必要ないならば、遊びもヘチマもないわけです」。

「生きているから成長する。生きていないと成長しない。生きるということを放擲《ほうてき》するなら、要するに死にたいなら、遊ばなくていい。子どもの遊びは、やめにさせていただいて結構。だけど子どもを生かそうとするなら、遊びは不可欠です。子どもは、どろんこ遊びをしたり、変なことをするのだけれど。それをよかれと思っていろいろ怒ったりすることは、それはおとな同士でやること。親ごさんとしては当然なのですが。無駄な遊びが大切であることだけは、解ったのです」。

「おとなが関与するのは、子どもが三歳ころまでは、愛おしんで育んでください。それから後は、子どもが自分でやろうとしなくては、どんな貴重なことでも、どんなすばらしいことでも身につかないのです」。

言葉は穏やかですが、内容は厳しいものです。「生きるということを放擲するなら、要するに死にたいなら遊ばなくていい。子どもの遊びは、やめさせていただいて結構」。長い体験あっての言葉です。キッパリと言いきる。いつもちょっと控え目な加古さんだけにこの言いきりには重みがあります。

この本を見ていると、子どものころを思いだします。一九四五年の敗戦後に生まれた新制中学は、小学校への間借りで運動場がありませんでした。そこで、昼休みには狭いところでもできる遊びとして石けりを楽しみました。加古さんの本を見ると、石けりの形も、地方により、時代により多種多様で、こんな単純な遊びでも、子どもたちが楽しんでいるうちに次々と工夫が加えられていくことを実感します。私たちもあれこれ工夫したなと思い出していると、キャアキャアと時間を忘れて遊んでいる子どもたちの声が聞こえてくるような気がしてきました。

加古さんはこの本をまとめた結果、次のようなことが明らかになったと書いています。

①外遊びの多種多様さ（展開の系譜あり）
②時代・地域による変化、世相・社会の影響
③人数・季節・天候・時刻・場所などに呼応する工夫とその結果の複雑と簡易の二極化

④風・光・草・木・小動物という自然との関わり
⑤異年齢男女混合から自他関係の自覚と対応。共生と共楽
⑥不善・不良・反徳な行為・イタズラの挿入。野卑・わいせつ・下品への関心と抑圧の発散。

遊びは生きることであるということがよくわかります。ここでとくに興味深いのは⑥です。⑤でよい子になる一方、だれにも⑥があり、ここを通過していくことがまさに成長でしょう。これがないと本当の成長ができないと言ってもよいかもしれません。

ただ、加古さんの観察では、一九九〇年以降このような外遊びがほとんど消えてしまっているとのことです。これぞ生きることであり、これによって成長していくのだとされる遊びが消えてしまうことが、これからの社会にどのような影響を与えるのでしょう。心配です。

子どもが興味をもつ森羅万象を三〇〇項目にまで落としこみ、この項目別に子どもなりの理解ができるような本を創らなければいけないというのが加古さんの出発点であり、現在です。「僕だけではこのすべてはできない」とおっしゃる気持ちはわかります。でもそこまで追究したのは加古さんだけです。それを多くの人と共有するとともに加古さんにしかできないことをぜひこれからも続けていただきたいと願います。

多くの人との共有といえば、以前、加古総合研究所のお集まりに参加したとき、作家の加賀

乙彦さんや美術史学者の辻惟雄さんがセツルメントのお仲間としていらっしゃいました。加賀さんが、「〝里子〟っていうからすてきなお嬢さんかと思ったらゴツイのが現れてね」と楽しそうに思い出を語られました。こういうすてきな方たちも巻きこんで、〝未来のダルマちゃん〟がいきいきと遊び成長する社会をつくるために、すてきな絵本を描いてください。よろしくお願いいいたします（生命誌も微力ながらお手伝いします）。

＊加古里子氏は、『中村桂子コレクション』全八巻への推薦文をお寄せくださった後、二〇一八年に逝去されました。

〈特別収録〉

心をどうとらえるのか［対談］

河合隼雄
中村桂子

「心」と「もの」をつなぐ——自己創出＝心＝スーパーシステム

河合 心理学といってもいろいろありますが、私の領域は、自分の主観的なところから入ってゆくものです。自分が感じていること、思っていることから出発する。そして、どなたかの心なり精神なりを問題にするときでも、その人の主観的な体験を問題にしてゆく。そういう点では、出発点に「もの」をおく研究とは、方法論が違うと思うんです。「もの」の場合は、いわゆる、客観的に現象を観察して見てゆくということですから、方法論が違っているという点をはっきり押さえておかなければなりません。「心」というと質量がないわけですから、客観的な言い方をすると「存在しない」ものでして、その存在しないものを一応あると仮定しておいて、そのあり方なり、システムなりを考えてゆく。人間である以上、そういうことを考えておくほうが便利だからやっているわけです。物質の研究をしている人とは方法論が全然違っており、われわれのような方法も人間には役に立つと考えてやっている。しかしそのようなことで割りきってしまうと、「もの」の研究をしている人との接点がなくなってしまうわけですね。ところが、自分の主観的な世界を探るといっても、単に反省するとか考えるとか感じるとかというところではなくて、それをもっと超えて、たとえば夢とか幻覚というような意識の次元が変わったものを対象にすると、主観／客観の区別が非常に曖昧になってくる。そういう区別がなくなってしまうところまで問題にしはじめてゆくと、われわれのやっている主観を武器にした心理研究と、「もの」の研究とがどこかで重なってくるのではないかとは思っているわけです。しかし、そうは言ってもなかなか普通の人が考えるほど重なっていたり、簡単には一つになったりはしがたいものだというのが実感ですけれども。

中村　私は逆に、長い間「もの」について考える、さらには「もの」を通して考えるというところに自分を規制してきました。日常生活の中で生きものについて考えるときには、「心」は、少なくとも人間にはある、もしかしたら他の生きものにもあるのかもしれないとさえ思います。けれども仕事の中では、人間を考えるときにも、「心」は自分の守備範囲ではないと決めて、「もの」、具体的にはDNAから入ってゆき、そこで考えられる範囲のことを考えようと限定してきました。ところがこの対談のきっかけになった「自己創出する生命」について考えますと、それは当然「個」であり、必然的に「私」が登場します。「ゲノム」は明らかに物質ですが、それが創りだすのは個体ですから。「自己」という言葉を使ったとたんに、物質に限定していたのでは語りきれないことが出てきてしまったのです。

日常の中で生きものを語るときに基本になるのは個体であり、自己が大事だという気持ちはつねにあるわけですから、科学という分野の中で出てきた「自己」を単にゲノムの産物としてだけ見る、つまり「もの」としてだけ見ることは気持ちをごまかすことになります。しかし一方、科学は「もの」の学問だぞ、という自己規制もはたらいています。ゲノムが創出する「自己」は、個体、身体であり、もちろん脳もその中に含まれます。ですから脳のはたらきも入っている。その自己の中で、「心」をどう考えていったらいいのか?

先生は「心」のほうから出発なさり、「心」と「もの」はつながっている、しかし現実につなげるのはむずかしいとおっしゃいました。私は「もの」のほうから出発して「心」を考えざるを得なくなった、そこをどうつなげていったらいいのだろう、ということが、関心事になりはじめているのです。

河合 それはまったく同じで、私も「私」を考える限り、「もの」を考えざるを得ないんです。私は講義のときによく言うのですが、「私」がここへ来ましたと言っているけれども、本当は何もわかっていないんだ、と。つまりここに来ている「私」は、心臓は動いているし、胃もはたらいているから存在しているわけでしょう。ところが、その動きは全然知らないわけです。しかも心臓が止まったら死んでしまうわけですから。

「私」なんて言っているけれども、私はそのほんの一部しか知らない。「私」ということを考えだすと、これはたいへんなことになるんだと。「私の心」という場合に、それとの結びつきにおける身体ということを無視して語っていても意味がありません。そういう点でもすごく「もの」とつながってくる。おっしゃったように、「私」とか「自己」に興味が急接近するわけです。

中村　けれども、そこがどう接近するかということを、注意深くやらないと、危険もありますね。私は今まで科学という分野で考えてきましたので、その基盤は捨てずに延長線上で納得のゆく接点をもちたいというのが今の願望です。そうなると、なかなかむずかしいのですが、何か道はあるだろうという気はしているのです。

河合　最近、免疫学の多田富雄先生と対談したのですが、とてもおもしろかったのは、多田先生は「スーパーシステム」ということをよく言われますよね。スーパーシステムというのは、免疫や神経系や内分泌系が、ある一点の統合点によってシステム化されているのではないということでしょう。しかし、それがないからバラバラだと言うのは間違っている。非常にうまく機能しているんです。けれども今までのシステム理論というのは、システムがうまくいくというのは、中心がある、統合点があるからだ、という考え方をしていたんだけれども、統合点をもたない、システムが平行であるかのごとく見えつつ、しかもうまくいっている、そういう見方で人間の心も見なくてはならないと私は思っています。人間の心もおそらくスーパーシステムだろうと。
そのときに「心と体」を安易に因果関係で結ぶと、すごく危険じゃないかと思うんです。

中村 そうですね。私も最近よく多田先生とお話をする機会があります。私が「自己創出系」という言葉で考えていることがらと、多田先生がスーパーシステムと名前をおつけになっていることは同じではないかと思っているのです。私の本（『自己創出する生命』哲学書房、一九九三年）を多田先生がお読みになって、あなたの見ていることと、僕の見ていることは同じではないかと言ってくださいましたし、私も多田先生のご本（『免疫の意味論』青土社、一九九三年）を読んだときに、まったく同じことを思いました。

今、河合先生が、心理学も同じ見方をするようになっているとおっしゃるのを伺って、おそらく多くの学問がいろいろなところから同じものを見ているのではないかと感じます。時代はそういうところにきていることだけは確かですね。スーパーシステムは、一つに統合されるのではなくて、各要素があって、その要素が独自にはたらいているところが重要ですね。自己創出系もまったく同じで、各要素が全体のシステムの中で、独自に変化したり行動します。ただ、それが全体のシステムを壊してしまったら生命体は存続してはいけないので、つねに全体に対して、自分はこうはたらいても大丈夫ですかと聞くようなシステムでなければなりません。つまり「自己言及」です。大丈夫ですかと聞いて、大丈夫だよと答えてもらえる範囲内で動いている、こういうものがそれぞれ集まって動いている、そして全体として自己というものをつくっている。そういう意味ではスーパーシステムなのです。

私がなぜ自己創出という言葉を使ったかというと、ゲノムから出発しているからです。今までDNAの世界では「自己複製」を論じてきました。DNAの特質は、自己を複製することであり、確かに同じものをつくってゆくことが生命系の基本です。そうでないとうっかりするとネコがイヌになってしまう。けれども、一方、まったく同じものをコピーしていたのでは、何事も変化しない。そこに矛盾を抱えているわけです。複製という基本的な特性をもちながら、DNAがゲノムという単位になると、私のゲノムとして私をつくる、河合先生のゲノムとして河合先生をつくる。それぞれが新しいものをつくっていくことが本質として出てくるわけです。

今まで遺伝子であり、自己複製するという面だけから見ていたDNAが、ゲノムというセットになったとき、まったく新しい個体を創出するものになっているんだということに気づいて、ハッとしたので、創出という言葉を使いました。多田先生は免疫学者ですから、すでにできあがった体の中で一つの要素が自在に動きながら全体をつくりあげている現象を見て「スーパーシステム」とおよびになった。私はできあがっていくところを見たので「創出」と言ったわけです。

河合　そうですね。私が心のほうから言っているのも、創出に近いと思います。私がよく言うのは、だれかが相談に来られたときに、その人がこう考えてこうすればこうなるとは決してわからない。なぜかというと、会っている人はまさに創出しているわけですから。その創出してくるほうにかける仕事を私はしている。だからこういう人はこうすれば学校へ行きますよとか、こうすればなんとかなりますよ、というのではなくて、この人は何をつくろうとしているのか、というのを待つことがわれわれの仕事だという態度が非常に強いわけです。われわれと同じような仕事をしている人でも、こうすればこうなると思っている心理療法家の方々もおられるんですよ。しかし私は自分の仕事は、根本的には発見的な過程であると思っています。発見的過程だけれども、なんら法則がないわけではない。

「はたらき」としての「心」

中村　そのとらえ方はまったく同じです。今まで、ＤＮＡを遺伝子としてとらえていたときは、一つの遺伝子が一つのタンパク質をつくるわけですから、「決定」という見方だったのです。しかし研究が進むにつれて、一つの個体を決めるDNAの全体をゲノムとし、それを単位としてとらえると決定ではないことがわかりました。でもある枠組みを飛びだすことはない。ある範囲内で何ができるかということです。先生のおっしゃる、「発見的過程だけれどある決まりがある」というのと同じです。そこに創出があると思うのです。

今までDNAは決定だと言われてきましたが、一卵性双生児はゲノムは同じはずなんだけれども、微妙な違いがあります。私にも双生児の友人がいますが、日常の暮しの中で一つのゲノムがいかに違いをつくるかということを、まざまざと見せてくれる。日常の中でそれほどはっきり見せていることはどなたもご存知なのに、DNAとか遺伝子と言ったとたんに、あたかも決定論であるかのごとき言説がまかり通っています。

逆に、なんの枠組みもなく、なんでもできるかのごときニュアンスで、ゲノムに存在する差異を否定し、だれもがまったく同じ可能性をもつかのように見る悪平等もおかしい。双生児は明らかに普通の兄弟姉妹以上に似ているところがあるわけです。それはその人たちがもっている枠組みなんだと思うんです。

河合　そういう言い方をすると、同じゲノムの人でもいわゆる人間が判断する幸／不幸という見方から見て、まったく結果が分かれてしまう場合がありますね。その人のベーシックなパターンは似ていても、本当に別々になりますから。ある程度決まっていると言うと、すでに自分の将来が決まっているように思えるけれども、そうでもない。かと言ってむちゃくちゃかというとそうでもない。

中村　完全な因果関係ではない〝枠〟というとらえ方をしなければいけません。ある枠の範囲で偶然が作用する。そこで物質基盤をもったシステムとして創出する、というところまでは理解ができてきました。ただ問題は、私がゲノムを基盤にして枠と言ったときと、先生が心の悩みの相談をなさりながら関心をもっていらっしゃるある種の法則や枠との間にはずれがあるだろうということです。

ゲノムの場合、個の創出には偶然性も関わっているので完全な因果では語れなくても、偶然の結果生まれたもののはたらきには必然があって、そこは、これまでの科学の言葉で整理できるのです。しかし、「心」をどう考えていくのか。この連続対談『ゲノムの見る夢』（青土社）シリーズにも登場していただいた養老孟司さんが、「心は脳の機能である」とおっしゃっている。私も心の問題を考えようとしたときに、まず脳のはたらきに目を向けるのは確かです。しかし、日常生活の中であなたの心はどこにありますかと聞かれたときに、脳にありますと答えるかというと、そうではありませんね。局在するものではなく身体全体の機能のような気がします。もしかすると河合先生と私の関係として二人の間のこのへんにもありそうな気がするし。

河合　「もの」のほうから入ってこられた人は心は脳にあると言われますが、それは簡単にはいかないと思うんです。事実、物質的な意味での自己を規定するものとして免疫があるでしょう。つまり一つ明らかに脳とは違うものがあるわけですから。その免疫とか内分泌だとか、それらを全部含めて私が存在するわけでしょう。その全体を考えなければならない。そこで心はどこにあるか、いや、そもそも心などというものがあるのか、というような問いが出る。一方、私は心があると思っているところから出発しているわけでしょう。だからどこにあってもよい。その心というものを対象にしています。出発点が違うと思うんです。

中村　おっしゃることはよくわかります。そこで、身体と心をつなぐことを安易に願って答えをすぐに求めるというのではなく、考えを進めるために単純な言い方をしますと、心を「脳」と対応させるのではなくて、「自己」と対応させてそれ全体の機能として見ることができるでしょうか。またそういう見方をすると建設的な視点になるでしょうか。

河合　そうなんです。「私」というふうに言うと、この場合ここに中村さんがおられるということでそれとの関係で「私」は置かれているのですから、それぞれに「私です」と言えるわけです。中村さんと関係なく「私」は生きられないわけですから。したがって、そのような見方で「私」（心）を見てゆく限り、「脳」にあるとは決して言えないんです。それをもっと拡大する場合は、「私は世界です」という言い方ができるわけでしょう。そういう見方もすごく大事だと思うんです。それは一つの例としてよく出すことがあります。

われわれのところに相談に来る人は、自分以外のことを言う人がとても多い。つまり、父親がどんなに悪いやつかとか、母親の育て方が悪かったとか。友人にこんな変なやつがいるから自分はこうなってしまったとか。しかし、それを私は全部その人のことだと思って聞いているわけなんです。初めは自分とは関係なく、父親が悪いとかどこかに悪者がいたわけなんですよ。それが次第に、関係のはたらきの中で生きている私というものに注目されてゆくという形に変わってゆくわけです。どう変わってゆくかというのは、それこそ、その人の発見なんですけれどもね。

中村　自己と言ったときには決して閉じた系ではないので、つねに外との関係があるわけですね。いわゆる環境との関係、人間との関係など。同じ父親も別の人が見ればまったく違う人間に見えてくるかもしれない。

河合　父親がすごく悪い父親だと言われても、私は、父親に会いにいって説教をするなどということはしません。そういう悪い父親の話をしておられるこの人は、まさに何を創出するのかと思って見ているわけです。それで実際変わってくるわけです。

中村 そのようなご体験から「心」は「脳」の機能であると言わずに、「私」の機能であると見ると一応考えていけるということですね。

河合 ただ「私」というものの定義が非常に曖昧になりますね。

中村 ええ、そこが気になるところです。曖昧というのは、少なくともこれまでの科学ではマイナスの要因です。白黒をつけなければいけない。しかし生きもの、人間と考えてくると、曖昧のままいくしかない、さらにはそういくのが本筋だという気がします。

河合 曖昧のまま、出発点として「私」から出発すると思っているんです。ただし「私」というのは本当にわからない。

中村 わからないし、実は最後に知りたいのが「私」ですね。「私ってなあに」という問いはだれもが問い続けるもので、これが曖昧でなくなったときはすべてがわかったときかもしれない。最初に先生がおっしゃったように、体も「私」だし、心も「私」だし、……曖昧の一つの原因は全体でとらえているからだと思うのです。これがこれまでの学問には苦手なことです。

一方、日常は全体で見ている。ここに学問と日常のズレがありますね。脳の機能であるというと、脳と身体、心と身体というように首から上と下が分かれてしまいます。学問は二元論が得意ですからこのほうが安心なのですが、実体は、決してそうではありません。上と下は分けられず、全体が私です。こういう見方をこれまでの科学と切り離さずに取りいれていく考え方や方法論をもたなければならないわけで、それを探しているのです。
心は「私」を「はたらき」で見たものでしょうか。

河合 そうです。「はたらき」です。はたらきで見るという見方は、とても大切な見方だと思っています。けれども、その背後になんらかのはたらきをもたらすもの、なんと言ったらよいのか、まだシステムという言葉を使ってもいけないいんですがね、スーパーシステムだから、なんらかの〝X〟は前提とされているわけでしょう。それがあるからはたらいているわけです。そのときに、「〝X〟という非常にはっきりした存在がはたらいたのではたらいた」とは言えないわけです。〝X〟の中にはたくさん組みこまれているわけですから。

中村 〝X〟自身がフレキシブルであるということ。つねに自己言及的にどんどん変わっているわけですね。昨日の私と今日の私はすでに違っている。

河合 その中では「自分」を意識的に言語で言えますね。そのように意識的に把握できるところでは、脳とは相当対応しているんじゃないでしょうか。脳のはたらきとして語れると思います。まだ一対一の対応になっているとはなかなか言えませんけれども。ただし、もう一つその背後がまだあるわけです。極端なことを言う人は、「脳はテレビの受像機である」という言い方をします。たとえばテレビのこの箇所がつぶれたら画面がおかしくなる。テレビの受像機のある箇所と、出てくる障害は対応しているから。

ただこの受像機は発信はしていない、発信は他からくると言うんです。だから脳のいろいろな部位の損傷と、その人のいろいろなことがらが対応するから、脳が考えていると言うけれども、それは確かにには言えないんじゃないか。それは非常に精密な受信機であって、受信機がつぶれているからはたらかないということで説明できるわけでしょう。このごろ脳の研究がさかんで、さまざまな対応が語られているけれども、脳がすべてだと言うのはおかしいという言い方が一方ではあるわけです。

西洋と東洋の「意識」

中村　脳がすべてではないという見方は理解できますが、しかし脳は単なる受像機ではないと思います。心理学が対象にしている、「心」という言葉で表現するものの中には、意識だけでなくそれ以外のはたらきもあるのでわからなくなるけれど、心理学でも意識を脳の部分と対応させるというアプローチはなされていますね。

河合　脳でも、特に大脳皮質は意識と対応できますね。

中村　養老さんは『唯脳論』（青土社、一九八九年）で、心は脳の機能であるとおっしゃっていましたが、実はご本を読んだりお話をするとわかってくるのは、決して、脳の機能という意味は、脳を調べるとそこに心が見出せるということではないのです。むしろ、脳という切り口をもって身体を見たり、社会を見たりすることで人間を見ようとしているのです。もちろん脳の機能を物質レベルで解明することは興味深いし意味があるけれど、メカニズムの解明が心を知ることとは限らない。むしろ、今、脳を通して見える身体や社会や自然から、心が見えてくるということのようにも思うのです。〝意識されていること〟はそれでよいと思うのですが。脳ではなく、「私」のはたらきとして見るとすると、具体的にどういう見方があるかということです。とくに「無意識」の部分について……。

河合　それを無意識とよぶのは、西洋近代の考え方だと私は思うんです。

中村　なるほど。それはもう二元論なんですね。

河合　二元論であるし、西洋近代の場合は、日常的な「意識」をものすごく大事にしたわけでしょう。そこで把握されたのが西洋近代で言う自我の確立というものです。ちゃんと自分というものは確立していて、自分でよくわかって、自律して動く。そういう考え方をしているのに、それではつかまえられない心の動き（無意識）があった、ということを彼らがわかってきたわけでしょう。

心の動きなんだから「意識」なんです、ある程度は。だから、本当を言うと、「深層意識」といったような言葉でよぶべきところを、「無意識」と言わざるを得なかったわけです。なぜかと言うと、今私が言った「意識」というのは、近代自我の場合ものすごく大事にして、それがしっかりしていれば人間はちゃんと生きられると思った。だからそれ以外の他のものは「無意識」とよばざるを得なかったわけです。

ところがおもしろいのは、たとえば東洋の仏教の場合は、そういうものを全部「意識」と言っている。「無意識」という言葉はない。表層から深層へというように、意識の層に順番があってそれぞれ違うと言っているだけです。東洋の場合は、今言った表層意識というものを確実に明確にして、自我というものをつくりあげるのではなくて、むしろそれが深いほうにつながる方向ばかり考えてきたわけでしょう。

そうすると西洋人が非常に大事にしている自我というものを、むしろ消滅させるほうを考えたわけですね。当然、意識のレベルが変わってくるわけでしょう。だからいろいろな名前をつけて、「〇〇意識」などとよぶわけです。それを西洋流に言うと「無意識」になる。だから私はそろそろ「無意識」という言い方はやめて、「深層意識」と言うべきではないかと思っているんです。

意識のレベルがあるわけです。われわれが普通いちばん頼りにしているのは表層意識です。その下に深層意識を考えて、できたらそのレベルを明らかにしてゆく。いわゆる近代科学というのは、表層意識を徹底的に洗練させたものですね。東洋の宗教は、深層意識を把握するほうに向いたわけです。だからとてもおもしろいことをいろいろと知っているわけだけれども、自然科学は全然生まれなかった、というのが僕の考え方なんです。そして現代人は両方やらなくてはおもしろくない。

中村　私もそう思います。心の問題のようにむずかしくなり、とにかく全体を見なければならなくなるとすぐに西洋と東洋という形で対比させますが、これも二元論になってしまっているので、そこを乗り越える必要がありますね。意識を全体として、しかしさまざまなレベルのあるものとしてとらえたとき、大別して表層意識、深層意識とするとやはり、表層意識は脳の機能に……。

河合 相当対応しているんじゃないですか。それが普通に言われる思考などといったものですね。しかし、それは深層意識によって動かされているわけでしょう。そこまで全部含んで「自己」とよんでゆくならば、脳からずーっと体のほうまでゆくわけです。

中村 従来西欧流の思想の中での個を考え自我と言うときには、表層意識を対象にし、脳と対応させてきたけれど、今回話題にしている自己は全体を対象にしている……。

河合 自己と言いだすととても話が曖昧になっていく代わりに、おもしろいのは「もの」と「心」の境界線がぼやけてきて近づいてくるわけです。

中村 まさにそこが悩みであり、しかしそれだからこそ、そこを突きぬけなければ何も見えないという気のするところです。脳の機能も、脳とよばれる臓器に限定されるわけでなく、神経やホルモンなどを通して身体全体につながってきます。すると必ずそこでフィードバックがありますね。そういう関係の中にあるものを深層意識……。

河合 そういうことはあると思います。ただし、そのときにフィードバックしていくといっても、私は胃のはたらきまで把握していないでしょう。つまり自律神経系はそれと関係ない。脳の中のわれわれが意識化するところとは関係ないですね。違うレベルでは関係しているでしょう。

中村　そこです。実は、「私」について養老先生、多田先生と三人で話し合ったのです（『「私」はなぜ存在するか』哲学書房、一九九四年）。私はゲノムという切り口で自己とよべるものがあるというところから出発しています。多田先生は、免疫とはひとことで言えば自己―非自己の識別系と見るというところを基本にして考えていらっしゃる。養老さんは脳が認識したものが存在するのだというところから、もちろん自己についても、脳が私と思うものというお立場です。これは別に対立するものではなく、現代科学の中で「私」を考えようとしたときの重要な三つの切り口をそれぞれが提出したということになると思います。

ところで、ゲノムや免疫で言うところの自己は、実は日常的には意識されていません。気づかないうちにＤＮＡや免疫グロブリンがせっせとはたらいてくれているから、細菌にもやられずに私が私として存在しているのです。しかし、私たちの好奇心がつくりあげてきた科学という知によって、脳によってゲノムや免疫で規定される自己を認識しはじめたわけですね。これは、その専門でない方はまだ実感していらっしゃらないと思いますが、私にしても多田先生にしても、それが自己として強く意識化されているのです。実は私が、生物学について専門外の方に伝えようとしているのはこの感覚なんです。

もし、脳のはたらきによる科学というものがなかったら意識化されることはなかったであろうことが意識化された。だから、脳を中心にして自己を考えればよさそうですが、困ったことに臓器としての脳はゲノムや免疫系の支配下にあるわけです。たとえば、体温のコントロールまでいちいち意識していないけれど、その意識せずにコントロールされている体温が脳の機能に影響を与えていますでしょう。そこで考えているわけだから、やはり全体の中でしか考えていない。ある種の入れ子になっているのです。

河合 考えているのはその中ででしょう。けれども、全体のはたらきまで言いだして、そもそもなんでそんなことを考えたかというようなところまで踏みこんだら、ちょっとむずかしくなるんではないでしょうか。普通は私は生まれるまではどこにいたのか、というようなことはあまり考えないですよね。ところがある種の人はそればかり考えます。その人は今日からそれを考えようというわけではない。

中村 そもそもを考えるとわからなくなるから、危険だとは私も思います。しかしそれを考えなければならないところまで科学はきているということもあって、悩みながら考えているわけです。

ところで、生前を考えるというのはどういう人ですか。

河合 たとえばノイローゼの人とか、天才的な人とか。

中村　なぜそういうことを考えるのでしょうか。それこそ脳だけの問題ではなく、身体的なことが無関係ではないと思えるのですが。

河合　無関係ではないけれども、因果的には説明できないですね。

中村　因果ではないけれども、無関係ではないという状況があると思うのです。自然科学を基本にした現代は、どうも関係というと因果しか考えませんから、またここで悩むのですが。

河合　それはそうですね。無関係ではない。しかし、そういう非因果的で、無関係ではないことは、なかなか大脳皮質のほうではよく考えられないんじゃないでしょうか。

中村　けれども、非因果的で無関係ではないことがあるのが、自己創出系やスーパーシステムではないかと思うのです。

河合　あり得ます。しかし、それを全部脳のはたらきとよんでしまっていいのかな。

中村　いいえ。むしろ先生がおっしゃった、心臓は知らない間に動いていることまで含めた「自分」を基盤にしたときに出てくる関係であって、脳に限定されたものではありません。

河合　それはあります。それで、もっと恐ろしいのは、そこまで拡大しだしたら実は宇宙と一緒になってくるんではないですか。

中村　おっしゃるとおりなのです。それはこれまでの歴史の中で何度も出てきたことですね。

生命論という形で議論され、しかもそれをできるだけ総体的にと努力するとそこへいってしまう。先生が「恐ろしい」とおっしゃったことに重要な意味を感じるのです。恐ろしいというのはそういう考えを進めると泥沼であるということと、一方では、生命とか自己というと、どうしてもそうならざるを得ない。私たちの考えやすい、整理しやすい思考方法の中におさまりにくいものなので、このどうしようもないところへ挑戦するしか道がないということです。そんな気持ちで現代の風潮を見るとこんなふうに見えるのですが、それを先生のお立場から検討していただけますか。

以前は、生物学は個体を中心に考えていました。ところがＤＮＡの時代になり、個体を消した。最近は、個体はＤＮＡの乗りものにすぎないというのがはやっています。それがはやる理由はよくわかります。こう考えるとあらゆる生物と自分がつながるだけでなく、宇宙ともつながってくるのです。星屑が自分だとなる。すばらしい解放感が得られます。その心地よさがあって流行するのはわかります。ただ私の気持ちはそれでは終わらない。

ＤＮＡで一回広がったけれども、そのＤＮＡが私の中にあるときは、やはり私をつくっている。再びその地点に戻ったうえで、もう一回宇宙とつながるには？ということで、先生がおっしゃる、「心」としてつながってゆくのだと思うのです。ＤＮＡだけで語ってしまうと、「私」

も「心」もいらなくなりますでしょう。それはとても楽です。精神病もなくなって、……先生は失業なさる（笑）。

河合 捨てることによってノイローゼになります。

中村 精神病に？

河合 捨てることは無理ですから。

中村 なるほど。捨てることは無理ですか。もっと本質的なのですね。

河合 捨てて生きたと言っている人も、よく見ると絶対捨てていません。都合のいいときにちゃんと思い出したりします。

中村 文化系の方の中では捨ててあっけらかんとするのが流行のように思えて、ふしぎな気がしているのですが。

河合 それは近代の個人主義に対する反動です。

中村 私の中では捨て切れずにＤＮＡをゲノムとして見て、また個体に戻るという切り口を見つけて納得をしていたのですが。社会全体の風潮は、ＤＮＡの乗りものというのをもてはやしているので、文化系の方は、捨てきれているのかと思っていました。やはり捨てていると思ったのは間違いで、捨てきれないんですね。

河合　そう思います。本当に捨てきれているんだったらその人の生き方がそういうふうになるはずですけれども、見ているとちゃんと自分に得になることをしていますからね（笑）。そういう見方は非常におもしろいですけれども。

中村　西洋的自我があまりにも強く出たところで一度捨てるのは、大事ですしおもしろいですね。でも、そこで終わってしまったらかえって、人間をあまりにも矮小化してしまいますね。

河合　そのとおりです。

中村　個に目を向ける者は少数派となるのかとちょっと気になってたのです。

河合　そういうときは、しかたなしに、「あんた本当にそう思っているのか？」と言う以外ないです（笑）。

中村　先生は「心」から入られたから、捨てきれないと明快におっしゃるんですね。私は、DNAから入りましたから、そのへんの判断が自信をもってできなかったのです。

「心」の相としての深層意識

河合　深層意識の話をします。まず表層意識のほうは、人間が長い間鍛えに鍛えてきたもので、今日まで続いていますから、非常に論理的な整合性をもっていて他人に伝えやすい。いちばん伝えやすいですね。それが極端に進んできたわけです。たとえば、死とは何かということも相当論理的に言えるわけです。ところが、私が死ぬということはどういうことかというと研究できない、それは実験不可能なんです。それは私しかできない。だから、私の死ということを中心に置きだすと、自然科学はまったく無力になるんです。そこで宗教が入ってくるわけです。私の死というものを私がどう受け止めるかということをなんとか納得のいくようにするために、宗教ができてきたと言ってよいと思うんです。

ところが、宗教というのも、人間のおもしろいところで、一つのシステムをもってくるわけですよね。生まれ変わるとどうなるかなどと説明をつけて納得し、宗教が科学の世界に乗りだしてきてたのが昔だったんですね。つまり、自分が主観的体験として非常に納得できたことを、客観的にも適応できる、私は生まれ変わるんだからあなたも何かの生まれ変わりでしょう、と言うわけですが、それは全く適応範囲を超えている。しかしそれを昔からさんざんやってきたので、迷信とよばれるようになったわけです。迷信がなくなってきたぶん、自然科学で私の死まで説明できるというような大錯覚を起こしたわけです。

ところが今それに対する反省が出てきた。そこで私の死を考えようとすると、あるいは私が死の体験に近いようなことをしようとすると、できるわけですよね。断食などをする。おもしろいことには、みんな宗教の修業にあるんですね。身体存在を極限まで否定して、とことんまでいったときの意識、そのときにいわゆる奇跡が起こるわけです。修業をしていたら、今までどこにいるのかわからなかった父親の居場所がわかって、行ってみたら、いた。そんな話がいっぱいあります。そういうのは今まで論理的に説明できないから否定されてきたけれども、実際そういうことはあるわけですよ。

それは意識のレベルが違うと思うんですよ。これはわかりませんが、僕の仮説では、人間の意識というのは相当な情報をキャッチしているんじゃないか。ただし自分がこの場で生きていくのに必要なもの以外は全部認知しない。簡単な例で言うと、雑音は聞いていませんからね。それがもっとひどくて極端な場合、離れたこの場所にいても僕の友人が死にかかっているという情報がきているんですね、それを今ここでキャッチしたらたいへんなことでしょう。だから今いるこの場所のこの範囲内だけでキャッチしている。それが表層意識です。ところが意識も深層意識までゆくと、ああ、僕の友だちが死ぬ、ということがキャッチできるというのは可能ではないかと思います。しかしそれができたとしますと、私は予言ができるということで、なんとかその予言でお金儲けをしようとしますよね（笑）。すると表層意識が強化されるんです。

だからそういう類の宗教家で贋物が多くなるのは、初めのころは本当だったのかもしれないと思いますが、これを利用しようと思ったとたんに神通力を失うんです。私がとても尊敬している明恵《みょうえ》というお坊さんがいたんですけれども、あのお坊さんはそういうことをよくやっているんですよ。お経を唱えているときでも、小鳥が蛇に呑まれそうになるのを助けてやるとかね。みんなわかるわけです。それを見てみんながびっくりして、あなたは仏さんの生まれ変わりだと言ったら、ものすごく明恵が残念がって、こんなのはだれでもできるあたりまえのことだ。こういう奇跡を起こすのを評価して、自分が名僧であるとか開祖であるというのは間違いであるとはっきり言っているんです。相当な奇跡の記録は破棄している。そういうのは修業したものにとっては普通のことなんだと。

奇跡を起こしたから教祖にしたりするのは、間違っているというのにはすごく賛成です。だから彼にはいつまでもそういう奇跡があったんですね。そうでなかったら、そういう深層意識を深く体験する人と、ものすごい金儲けのうまいマネージャーとが組んだら成功するんです(笑)。マネージャーばかり儲かって、教祖は儲からない。教祖が儲けようとしたとたんにだめになる。そういう深層意識のことは、もっと研究してもいいんじゃないかと思います。だって、ふつうのわれわれの住んでいる時空の理論だったら、遠いところのことはキャッチできないことになっているけれども、明恵など実際キャッチできてるわけでしょう。

中村 深層意識と表層意識が、葛藤しているわけですね。

河合 ものすごく葛藤しているんです。われわれが現代において生きていくというのは、表層意識が現代風のシステムをもっていないとやっていけない。それを強化しないと生きていけないから。

このごろはたと気がついたのですが、とても便利な世界をつくっても、人間はそれほど幸福にはならないということがわかってきたんです。それはある意味で言うと、昔の人のほうが幸福だったのかもしれない。彼らは自分が死んだらどうなるのかを知っていたわけですからね。ところがそうかと言って、今急に昔の宗教を入れてみたからといって、全然問題にならないのは、われわれは表層意識がものすごく発達していますから。その表層意識に見合う、深層意識の開発、それが必要だというのが僕の考え方なんです。

中村 よくわかります。ただ、深層意識は利用してはいけないというところが世俗的にはむずかしい。悟りのような状態になるのでしょうか。それに、深層意識の開発は具体的にはどうしたらよいのだろうということです。もし、そのノウハウが示されたらみんなでそれを採りいれて、世俗に利用しそうですし。

そこでまたゲノムに引きつけますと、ゲノムは、母親と父親からもらったものであり、さかのぼっていくと生命の起源にまで戻るわけです。そうしますと私のゲノムには三十数億年の歴史が入っているわけです。ゲノムを調べてゆきますと、明らかに積み重ね型です。最初のものに少しずつ加わって、できてきた。つけ加わったはたらきによって脳が出てきた。脳自身がまた積み重ね型です。中に昔をもっている。ワニの脳、ウマの脳、さらにヒトの脳というように新しいものは古いものをもとにしてだんだん建て増ししているわけです。

ですから今おっしゃった深層心理は、この意味では歴史を組みこんでいるとも考えられますね。体も脳も歴史をもっている。この歴史を呼びおこすということでしょうか。

河合 それは一人の人を見ていても、三歳の子でも一〇〇歳の知恵をもっているし、六〇歳の人でも一歳の幼さをもっています。ただその中の何が前面に出て、何が表層で、まさにシステムができているかということですね。

中村 今の人間社会で表層同士でやっているのは、中を出すとちょっと危なくなるから（笑）。

確かに他の生きものを見ていますと、われわれから見たときには超能力と見えるようなことをやってますものね。地震の前に、子どもが釣ってきた小さなフナが飛びあがって池の外まで出てしまったんです。あれっと思ったら地震がきました。わかっていたんですね。われわれの中にもこれがあるかもしれない。

河合 そういう点では、私は自分の動物的勘を訓練しようとしていますね。そうでないとものすごく危険な商売をしているわけですよ。たとえば、自殺すると言う人は非常に多いです。しかし、それが本当かどうかは論理的には判断できない。ものすごいそのときの直感的なものが大事なんです。それはしかし、どうも磨こうとすると磨けるんじゃないかと思うんですが。

中村 昔の修業なんかそうですね。

河合 夢では動物になったり物になったりすることもあります。フナになったり、ハイエナになるように修業して……。そういうところまで広げて全体を考えていったら、「もの」と「心」の問題はもうちょっと解決するかもしれませんね。

中村 人間は現存の生きものの中で最後に現れた存在だから、これまでに現れた生きものたちのすべてを自分の中に抱えこんでいるわけです、ちょっと何かになりたいと思ったら、なれるポテンシャルをもっている（笑）。

河合 ただそれでも「もの」と「心」の大問題にはなかなか接近できませんね。

中村 そうですね。やはり物質の世界と生命の世界の関係から考えなければいけないと思います。大問題への接近はまた宿題になりましたが、これまで科学という規制の中で表層意識でだけ考えてきた私にとって、先生のようなお仕事から見える深層意識も、ただ脇に置いてすませていてはいけないという気がしました。むずかしい問題ですが考えてみます。

あとがき

「動物と子どもにはかなわない」。映像の世界でよく言われます。どんなにみごとな演技をしても素直に生きることを楽しむ子どもや動物の魅力には届かないということでしょう。生きものである私たちには、未来へと続きたいという願望があり、それを子どもたちに託します。生きることを楽しむ子どもの姿はその願いに応え、私たちに安心と喜びとを与えてくれます。これも子どもの魅力です。

ところで、近年は「少子社会」という言葉に代表されるように生きものとしてのつながりとそこから生まれる喜びとだけで子どもを語ることがむずかしくなってきました。「人間は生きものである」というあたりまえのことを基本に置く「生命誌」を考えている私にとっては、今、子どもを語ることは至難の業です。

そこで、子どもについて語るのはむずかしいと悩む私に、「そんなことを言って逃げていてはダメです。考えなければならない課題でしょう」。やわらかくではありましたが、厳しさを含んだ口調でおっしゃったのが河合隼雄先生でした。先生の叱責と励ましとに支えられて悩みながらも筆をとったのが、『科学技術時代の子どもたち』でした。筆をおいた後も悩みは続きましたが、それと同時に私にとって大事な本だと思う気持ちがわき、今もそれが続いています。

私が抱き続けている課題は、「科学技術時代」です。個別の科学技術のありようではなく、この時代がもっている人間をも機械のように見る「機械論的世界観」が私たちが生きものとして生きることをむずかしくしているととらえています。一つのものさしで測る進歩、時間を切ることを求める効率を高く評価するために、いつも何かに追い立てられているのが現代です。このような社会では子どもが子どもらしくあることはむずかしいのではないでしょうか。子どもが大切と思うなら、おとなが変わらなくてはいけない。結局、私の中での答えはこうなりました。

現実に変わるのは至難のことと覚悟のうえで、子どもたちがいきいきと暮らし、人類の未来が明るく見える生き方を探る作業を続けていくという覚悟がこの本を書いたことでできました。「科学技術時代の子どもたち」にはとてもうれしいことに谷川俊太郎さんが詩をつけてくださいました（一三八ページ）。詩の中の子どもは、〝ぎもんふのかたち〟（？）と〝かんたんふのかたち〝（！）をしています。子どもにとって（実はおとなにとっても）いちばん大事なのは〝？〟と〝！〟であるというメッセージです。そしてそれこそ、今、私が科学技術時代の中で考えたいことなのです。実はまど・みちおさんが『一〇〇歳の言葉』（新潮社、二〇一〇年）の中で「世の中に？と！があればほかに何もいらない」とおっしゃっています。

谷川俊太郎さん、まど・みちおさんという詩を通して最もみごとに今の子どもを表現していらっしゃるお二人が示してくださった〝？〟と〝！〟の大切さを私も自分のものにしていこうと改めて思っています。

ここで忘れることのできないもう一方が、加古里子さんです。生命誌は、一三八億年の歴史をもつ宇宙、四六億年の地球、三八億年の生命という長い時間と大きな広がりの中で人間を考えています。加古さんは、宇宙も地球も生命も絵本に描いた後、「宇宙より大きいものとしての人間」を描こうとされて生命誌を学びに来てくださいました。「学びに」と言うのは、加古さんのそのときの言葉をそのまま書いただけで、実際のお話し合いでは私のほうが教えていただくことだらけだったのは言うまでもありません。とくに子どもについてのお話は楽しさに満ちていました。学生時代からセツルメントで子どもたちとつき合っていらした加古さんの体の中には、子どもから受けとった力があふれています。その加古さんが、「死にたいなら遊ばなくていい。子どもの遊びはやめにさせていただいて結構。だけど子どもを生かそうとするなら遊びは不可欠です」とおっしゃっているのです。もちろんこの遊びは、仲間と一緒に体を使っての遊びを指しています。とてもとても大事なことです。決して忘れてはなりません。

河合隼雄先生も、子どもについて考えなさいと指示されただけでなく、大切な「こころ」についてあれこれ教えてくださいました。ここでも身体性が話題になりました。身体あっての心です。

残念なことに、河合先生、まど・みちおさん、加古里子さんのお三人とも直接お話を伺うことはできなくなってしまいました。ちょっとめんどうな課題にぶつかったとき、この方たちだったらどうお考えになるかなと思います。残してくださったものを思い出し、考え続けていこうと思います。

本当に感謝すべきことに、いつも科学とは少し違う視点から助言を頂いているお一人である髙村薫さんが解説を書いてくださいました。原稿を拝読して、ジーンときました。私の中から止めようもなくわきおこる生きものをめぐっての「なぜ？」に答えようともがいているうちに生まれたのが「生命誌」なのだという基本をズバリと指摘してくださいました。だれのためになどと思ったのではなく、人間として大事と思っただけという実体を受け止めてくださっていることが、一つひとつの文から見えてきます。しかも、私の言葉ではうまく表現できず、まわりの人になかなかわかってもらえないと悩んでいるところが、明快に描きだされており、読みながら〝そうなんです〟を連発していました。受精卵の遺伝子検査やいじめについて黒か白かと問われてたじろいでいる姿を認め、次の道へといざなってくださる言葉にほっとします。

髙村さんは、「生命誌研究館」の非常勤顧問として年一回の報告会には必ず出席して若い仲間たちの発表を楽しんでくださっています。研究館の日常を撮った映画を観て書いてくださった「生命誌研究館を訪ねるたびに、これと似た空間は世界のどこを探してもないと感じる。生命科学が『生命誌』へと進化して身近ないのちと一気につながったように、研究館ではその最先端の研究と、私たちの驚きや感動がつながり、ともに三八億年の時間に連なっている実感へと誘われる。日々、生命誌を編み続ける研究者たちと、それを訪ねて集う大人や子どもたちの穏やかに満たされた笑顔と、小さな生きものたちの輝きに出会う幸福な二時間である。」という言葉は私の宝物です。これからもすてきな言葉に教えられていくことになるでしょう。

子どもたちの中にもスマホなどの機械がどんどん入りこみ、生きものとして生きることはますますむずかしくなっています。自信をもって子どもたちに渡せる社会をつくることが、本来の「育む」につながるのだと思い、「人間は生きものであり、自然の一部である」という生命誌の基本を噛みしめ、私自身がどのように生きるかを改めて考え、真剣に、でも楽しく生きていこうと強く思います。

この本の中でいろいろお世話になった皆さまや解説を書いてくださった髙村さんへの感謝の気持ちを新たにして筆をおきます。

二〇一九年七月

お世話になった方々を思い出しながら　中村桂子

初出一覧

I　科学技術時代の子どもたち

『科学技術時代の子どもたち』　岩波書店　一九九七年五月
＊本文中の絵はリンドグレーン作、ヴィークランド画『やかまし村』シリーズ、邦訳岩波書店より

II　子どもが育つということ

「新しき〝知恵の人〟をはぐくむ」　『小学一年生』一〇月号（付録）　小学館　一九九二年一〇月（原題「新しき〝知恵の人〟の育て方」）
「理科教育の基本を考える」　『日本の理科教育があぶない』日本学会事務センター　二〇〇一年九月
「物語の時代へ」　『高校教育展望』小学館　一九九一年五月（原題「物語りの時代へ」）
「子孫に伝えたい生き方――いのち」　『Voice』ＰＨＰ　二〇〇七年六月（原題「〈いのち〉」）
「生活の中での子どもをよく見て、子どもの言葉を聞く」　『現代思想』臨時増刊号　青土社　二〇一七年九月
対談「心をどうとらえるのか」　『imago』青土社　一九九四年三月号（原題「「心」というものをどう捉えてゆくのか」）（『ゲノムの見る夢　増補新版』青土社　一九九六年　所収「心をどう捉えるのか」）

解説　「生命誌」から拓かれる知の世界

髙村　薫

一人の多感な少女が長じて生物学者中村桂子になる。彼女はさらに結婚して母になり、老いてなお生命科学のあるべき姿を追い求め続けながら、いま新たに「子どもとは何か」と問いを立てる。女性として人並みに子育てを経験し、さらには自身が館長を務めるJT生命誌研究館（大阪府高槻市）を中心に長年多くの子どもたちと接してきたにもかかわらず、抽象的な概念としての「子ども」を語るのは苦手と告白し、なぜ苦手なのだろう、概念化された「子ども」のとらえにくさはどこから来るのだろうと自問しながら、である。

こうして日々の暮しから研究まで、おおむねすべてのことが「なぜ」という自問から始まるのが、中村桂子という人間の存在の原理である。生命科学研究の最先端にありながら、彼女の場合、人間あるいは「生きもの」としての素朴な感覚が、ときどきになにがしかの違和感を察知して「なぜ」という自問になると同時に、その視線は自身の研究分野を超えて異なる分野へ、生物全体へ、科学全般へ、地球の歴史へ、宇宙の成り立ちへと広がってゆくらしい。そうして遠くへ達した視線は再び自身の研究に反射して響き合い、重層的な厚みと複雑さを備えてゆくのだが、それでもその軸足はけっして「生きもの」である自分自身や、自らの「内なる自然」を離れることはない。「子ども」をめぐる問いが「生きもの」としての中村桂子の全存在から発せられた問いとなり、同時に本書を手にする私たちの「生きもの性」を問うものとなっている所以である。

彼女の研究者としての業績の一つは、あらゆる生命現象を分子レベルに還元する最先端のゲノム研究の世界を、「生きもの」という壮大なくくりへと広げて、「生命誌」という考え方を確立させたことである。分類学・形態学・発生学・遺伝学・生化学などの個別の研究分野を生命という視座で俯瞰する生命誌は、生命科学の地平を三八億年前の生命誕生へと遡らせるだけでなく、人間という生命が生みだす社会的文化的活動にまで押し広げるものとなっている。

またそれだけではなく、彼女が目指す生命誌は、すみずみまで言葉で「物語る」ことを目指す世界であり、それゆえ大人から子どもまで一般の人間が広く共有できる「知識」となる。しかも、本書でも世界じゅうの子どもに親しまれているA・リンドグレーンの童話『やかまし村の子どもたち』とそのシリーズが随所で引用されているように、彼女が語る言葉はどこまでも平易でやわらかい。これまで化学式や数値で表されてきた世界が、「ひらく」「つなぐ」「ことなる」「はぐくむ」といった日常のやさしい言葉に変換されることで、私たちは初めて広大無辺な生命の地平を覗き込み、その地平と自分自身の心身をなにがしかの回路で結ぶことができる。そこここで「なぜ」が生まれ、不可思議やとらえがたさや違和感が、心身と直結したかたちになるのである。
そのような「生きもの」という地平に立って、彼女は私たちに問いかける。この現代社会は人間が「生きもの」であることを忘れてつくられているのではないだろうか。私たち大人の「内なる自然」が危機にさらされているために、「生きもの」としての子どもをとらえにくくなっているのではないだろうか、と。

たとえば、現代の私たちにとって子どもは授かるものでなく、「つくる」もの、「生む」ものになってひさしいが、子どもを「生きもの」としてとらえれば、あくまで「生まれる」のだと彼女は言う。生物学的には、母胎から生まれ出た子どもは、その時点でヒトとしての全体性を備えているゆえに生まれることができたのであり、遺伝子に致命的な欠陥がある場合はそもそも生まれてくることができない。その意味では、この世に生まれ出た個体に正常児と障害児の差などはないし、あるのは折々の自然や環境に対してつねに開かれた系としてある「生きもの」の、生存戦略としての多様化だけなのである。こうしてとらえなおすと、「生きもの」という視座がきわめて倫理的な視座を含み得ることに驚かされるが、言い換えれば、「生きもの」という視座がなければ、たとえば「子どもはいつから子どもなのか」とか、「ヒトの受精卵は子どもなのか」といった問いの答えを見出すことはできないということであろう。

ちなみに受精卵をめぐる問いについて、彼女は一律にいつと断定することはしない。基本的には親が検査などによって胎児をそれと認識したときに子どもは子どもになるとみなすだけだが、今日では医学の進歩でその時期がどんどん早くなっており、受精卵が子宮に着床する前に遺伝子や染色体の検査を行うことも可能になって、私たち人類は命の選別という新たな倫理的問題をも抱えるに至っている。

こうした科学技術万能の時代に、あえて子どもとは何かを考えることは、科学者として社会と人間に向き合い続けてきた彼女の危機感から来ているのだが、しかし彼女は科学者として、科学技術を「内なる自然」を壊すものととらえているわけではない。科学技術は人間が有効に活かすべきものであり、「生きもの」がもっている本能としての知恵、すなわち「内なる自然」とうまく融合させるべきものとしてある、というのが彼女の基本的な姿勢である。というのも、科学の手法はつねに絶対の真理を明らかにするとは限らないし、科学を人間にとっての利便性の追求や、完全なる定量化の世界ととらえるだけでは、逆に科学が本来もっている不可視への眼差しや尽きることのない「なぜ」を失わせ、その可能性を狭めることになるからである。これは生命誌の立ち位置でもある。

そんな視座に立つと、たとえば「いじめを絶対に許さない」というのは「量に毒された社会の表現」となるし、むしろ「いじめ」をいくつもの事情が複雑に絡みあった人間らしさのあらわれととらえることで、一つひとつ対処を考えるといった発想が可能になる、と彼女は言う。またたとえば、人間が「地球を守る」のではなく、「生きもの」である人間のほうが地球すなわち自然に支えられているという発想になるのだが、なんとやわらかな頭だろうか。

またさらに、そもそも「生きもの」の発生と進化は、科学の進歩という一直線の価値観とは異なって、らせん状に円を描いて進み、多くの不確定要素と多くの可能性を孕みながら、なおも連続性を保って変化してゆくものとして彼女はとらえている。誕生から死まで、らせんを描いて進む「生きもの」の時間は、あるものは生まれ、あるものは消えてゆく悠久の連鎖の時間であり、そこでは必然的に「子ども」と「老人」がつながる。現代社会では見えにくくなっている「子ども」と「老人」の姿が、生命誌の視座ではこうしてごく自然にくっきりしてくるのである。

とまれ、分析・還元・論理・客観・普遍を旨とする生命科学から、関係・歴史・総合・多様を旨とする生命誌へ。それは外の自然と「内なる自然」の融合を促し、「生きもの」の知恵と科学知識の融合を促すと同時に、「生きもの」である自分を知るよう私たちを促す。また、そこには最先端の研究成果や新たな知見が次々に付け加えられて生命誌の新たな地平が拓かれてゆくのだが、しかし、こうした自然と科学の融合は、生物学者中村桂子にとって新たに途方もない「なぜ」を生みだすものでもある。

たとえば、臓器としての脳は、人間には意識できないゲノムや免疫のはたらきによって動いている。私たち一般人と違って中村ら科学者は、ゲノムや免疫で規定されるそういう脳を「自己」として認識するというのだが、しかし、そもそも人間が意識できないはたらきの影響下にある脳において、人間が自ら何かを認識するとはどういうことなのだろうか。臓器としての脳と、「自己」や「心」というはたらきを全体として包摂する「自己創出系」のようなものを考えることは可能だろうか、エトセトラ。

生命科学から伸ばした手が、生命誌の地平を超えて、まさにだれも分け入ったことのない未知の時空をまさぐる。中村桂子における「内なる自然」と科学的知見の融合は、ほんとうにスリリングである。

たかむら・かおる　一九五三年生。作家。主な小説作品に『レディ・ジョーカー』『晴子情歌』『新リア王』『太陽を曳く馬』『冷血』『空海』『土の記』（新潮社）『四人組がいた。』（文藝春秋）『我らが少女A』（毎日新聞出版）他。その他、『作家的覚書』（岩波書店）等の著書がある。

著者紹介

中村桂子（なかむら・けいこ）

1936年東京生まれ。JT生命誌研究館館長。理学博士。東京大学大学院生物化学科修了、江上不二夫（生化学）、渡辺格（分子生物学）らに学ぶ。国立予防衛生研究所をへて、1971年三菱化成生命科学研究所に入り（のち人間・自然研究部長）、日本における「生命科学」創出に関わる。しだいに、生物を分子の機械ととらえ、その構造と機能の解明に終始することになった生命科学に疑問をもち、ゲノムを基本に生きものの歴史と関係を読み解く新しい知「生命誌」を創出。その構想を1993年、JT生命誌研究館として実現、副館長に就任（～2002年3月）。早稲田大学人間科学部教授、大阪大学連携大学院教授などを歴任。著書に『生命誌の扉をひらく』（哲学書房）『「生きている」を考える』(NTT出版)『ゲノムが語る生命』(集英社)『「生きもの」感覚で生きる』『生命誌とは何か』（講談社）『生命科学者ノート』『科学技術時代の子どもたち』(岩波書店)『自己創出する生命』（ちくま学芸文庫）『絵巻とマンダラで解く生命誌』『小さき生きものたちの国で』『生命の灯となる49冊の本』（青土社）『いのち愛づる生命誌』（藤原書店）他多数。

はぐくむ　生命誌《せいめいし》と子どもたち

中村桂子《なかむらけいこ》コレクション　いのち愛《め》づる生命誌《せいめいし》 4（全8巻）〈第3回配本〉

2019年 11月10日　初版第1刷発行©

著　者　中　村　桂　子

発行者　藤　原　良　雄

発行所　株式会社　藤　原　書　店

〒162-0041　東京都新宿区早稲田鶴巻町 523

電　話　03（5272）0301

FAX　03（5272）0450

振　替　00160 - 4 - 17013

info@fujiwara-shoten.co.jp

印刷・製本　中央精版印刷

落丁本・乱丁本はお取替えいたします

定価はカバーに表示してあります

Printed in Japan

ISBN978-4-86578-245-5